Kathrin Spiegel

Strömungsmechanischer Beitrag zur Planung von Herzoperationen

Strömungsmechanischer Beitrag zur Planung von Herzoperationen

von

Kathrin Spiegel

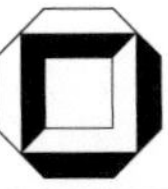

universitätsverlag karlsruhe

Dissertation, Universität Karlsruhe (TH)
Fakultät für Maschinenbau, 2009

Impressum

Universitätsverlag Karlsruhe
c/o Universitätsbibliothek
Straße am Forum 2
D-76131 Karlsruhe
www.uvka.de

Universitätsverlag Karlsruhe 2009
Print on Demand

ISBN: 978-3-86644-415-7

Strömungsmechanischer Beitrag zur Planung von Herzoperationen

Zur Erlangung des akademischen Grades

Doktor der Ingenieurwissenschaften

der Fakultät für Maschinenbau
Universität Karlsruhe (TH)
genehmigte

Dissertation

von

Dipl.-Ing. Kathrin Spiegel

aus Würzburg

Datum der mündlichen Prüfung:
20. Juli 2009

Hauptreferent: Professor Dr.-Ing. H. Oertel
Korreferent: Professor Dr.-Ing. U. Müller
Korreferent: Professor Dr.-Ing. D. Liepsch

Vorwort

Die vorliegende Arbeit entstand während meiner Tätigkeit als wissenschaftliche Mitarbeiterin am Institut für Strömungslehre der Universität Karlsruhe (TH).

Herrn Professor Dr.-Ing. Herbert Oertel danke ich für die interessante Aufgabenstellung, die Betreuung der Arbeit und die Übernahme des Hauptreferats. Bei Herrn Professor Dr.-Ing. Ulrich Müller und Herrn Professor Dr.-Ing. Dieter Liepsch möchte ich mich für das freundliche Interesse an dieser Arbeit, die fruchtbaren Diskussionen und die Übernahme des Korreferats bedanken.

Interdisziplinäre Forschung kann nur mit engagierten Partnern gelingen. Herrn Dr. Wolfgang Schiller und Frau Dr. Heike Rudorf der Universitätsklinik Bonn danke ich für die gute Zusammenarbeit, die Bereitstellung der patientenspezifischen Daten und die fachliche Unterstützung bei medizinischen Fragestellungen. Dank geht auch an Herrn Professor Dr. Torsten Doenst der Universitätsklinik Leipzig für die fachlichen Diskussionen rund um die STICH-Studie.

Das Validierungsexperiment wurde im Labor für Fluidmechanik der Fachhochschule München durchgeführt. Herrn Dr.-Ing. Thomas Schmid und Herrn Dipl.-Ing. Andrea Balasso danke ich für die Unterstützung sowie für die Diskussionen bei der Auswertung der Validierungsdaten.

Für die große Unterstützung und Hilfbereitsschaft sowie das stets offene Ohr für Fragestellungen rund um die Segmentierung der Herzdaten möche ich mich bei Herrn Dipl.-Ing. Hans Barschdorf und Herrn Dr. Cristian Lorenz der Philips Research Laboratories Hamburg bedanken.

Ein weiteres Dankeschön gilt meinen aktuellen und ehemaligen Kollegen, den guten Seelen im Sekretariat sowie den Studien- und Diplomarbeitern am Institut für Strömungslehre, denen ein maßgeblicher Anteil am Gelingen dieser Arbeit zukommt.

Ein ganz besonderer Dank gebührt meinem Freund Bertram für seinen Rückhalt, seine Geduld und die motivierenden Diskussionen weit über diese Arbeit hinaus.

Schließlich möchte ich mich bei meiner Familie und meinen Freunden, inbesondere aber bei meinen Eltern Dr.-Ing. Nikolaus Spiegel und Barbara Spiegel für die liebevolle und motivierende Unterstützung auf meinem Weg durch Studium und Promotion bedanken.

Karlsruhe, im Juli 2009   Kathrin Spiegel

Inhaltsverzeichnis

1 Einleitung

1.1 Motivation

Das Herz spielt seit Beginn der Menschheit eine zentrale Rolle in Gesellschaft, Medizin, Wissenschaft und Religion. In vielen Kulturen gilt es als Zentrum der Lebenskraft, Ort des Gewissens, Sitz der Seele und der Gefühle. Physiologisch betrachtet ist das Herz Bestandteil des Blutkreislaufs, den es durch pulsatile Kontraktion aufrecht erhält und somit den lebenden Organismus mit den notwendigen Nährstoffen versorgt. Dabei pumpt das Herz mit ca. 3 Milliarden Schlägen etwa 250 Millionen Liter Blut im Laufe eines Lebens durch den Körper. Diese Leistung wurde bislang von noch keinem technisch hergestellten Gerät erreicht.

Aufgrund der enormen Arbeit, die das Herz jederzeit aufbringen muss, kommt es häufig zu Verschleißerscheinungen und Erkrankungen des Organs und somit zu einer elementaren Bedrohung des Menschen. Die Ursachen dieser Erkrankungen sind vielfältig und reichen vom angeborenen Herzfehler, Folgeerscheinungen viraler Infektionen, Klappenfehler und Bluthochdruck bis zum klassischen Herzinfarkt. Gegen viele dieser Krankheitsbilder kann die fortschrittliche Medizin mit entsprechenden Behandlungsmethoden vorgehen; so sind Herzoperationen bei Neugeborenen mittlerweile Routine. Dennoch sind Erkrankungen des Herz-Kreislauf-Systems die häufigste Todesursache in Deutschland [6]. Über 50% dieser Todesfälle sind auf koronare Herzkrankheiten zurückzuführen.

Ist das Herz nicht mehr in der Lage, den Blutkreislauf für eine ausreichende Versorgung des Organismus aufrecht zu halten, ist es insuffizient. Je nach Art und Schwere der Insuffizienz gibt es verschiedene Behandlungsmethoden, die von medikamentöser Unterstützung, operativen Eingriffen bis zur vollständigen Transplantation des Organs reichen. Letztere ist jedoch mit vielen Komplikationen verbunden, zudem ist die Behandlungsmethode durch die zur Verfügung stehenden Spenderherzen begrenzt. Seit Jahren stagniert die Anzahl der gespendeten Organe [5], der Bedarf wird nur zu etwa 50% gedeckt. Die Wartezeit wird bei vielen Patienten mit Herzunterstützungssystemen überbrückt, künstliche Ersatzsysteme stehen zwar in der Entwicklung, erreichen jedoch noch nicht den erforderlichen Standard, um die multifunktionalen Mechanismen des Organs abzubilden.

Fortschritte in organerhaltenden Behandlungsmethoden bei terminaler Herzinsuffizienz zeigen vielversprechende Tendenzen, diesem Mangel entgegenzuwirken. Die modifizierte Ventrikelrekonstruktion nach *Dor* ist das zurzeit bekannteste Konzept [19]. Bei dieser Methode wird das nach einem Infarkt abgestorbene und vernarbte Gewebe entfernt, da es nicht mehr aktiv an der Kammerkontraktion teilnimmt und so der Ventrikel zu dilatieren droht. Die ursprünglich konische Form des Herzens wird bestmöglich rekonstruiert. Ziel ist die Verbesserung der Pumpleistung und die Verhinderung einer Gefäßvergrößerung. Nach guten Ergebnissen einer Pilotstudie [8] wurde in einer randomisierten, prospektiven und internationalen Multicenterstudie (STICH) untersucht, ob diese neue Therapieform einen Überlebensvorteil gegenüber konventionellen Methoden wie der Transplantation bietet.

Im Zuge dieser Studie wurde, in Zusammenarbeit mit dem Universitätsklinikum Freiburg, am Institut für Strömungslehre der Universität Karlsruhe (TH) mit der Entwicklung eines patientenspezifischen virtuellen Modells des menschlichen Herzens begonnen. Hinzu kamen weitere Kooperationen mit Ärzten der Universitätskliniken Bonn und Leipzig. Ziel des *Karlsruhe Heart Models* (KaHMo) ist die Simulation und Analyse der Blutströmung in gesunden und pathologischen Herzen, um ausgehend davon Parameter zu entwickeln, die den Erfolg einer Operation aus strömungsmechanischer Sicht bewerten.

Diese Arbeit entstand im Rahmen eines von der Deutschen Forschungsgemeinschaft unterstützen Projekts *OE/84-24*. Ziel war die Weiterentwicklung des linken Herzens hin zu einer genaueren Abbildung der realen Geometrie, die quantitative Validierung des Modells sowie die Integration des KaHMo in die klinische Anwendung.

1.2   Das Karlsruhe Heart Model (KaHMo)

Das *Karlsruhe Heart Model* (KaHMo) ist ein virtuelles Modell des menschlichen Herzens, welches auf patientenspezifischen MRT- oder CT-Daten der beiden Herzkammern, der beiden Vorhöfe, der angrenzenden Gefäße sowie der Herzklappen basiert (siehe 2.1).

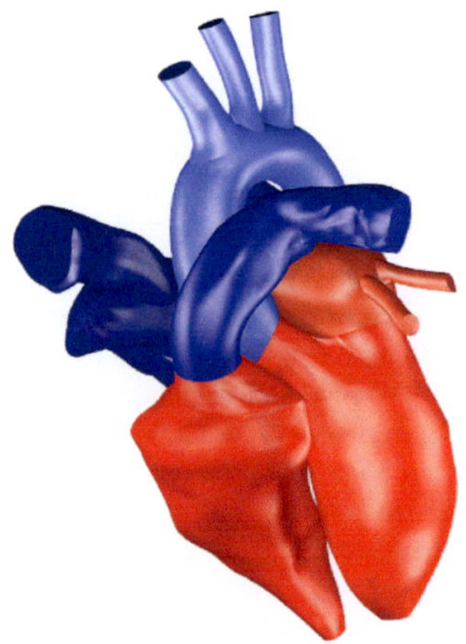

Abbildung 1.1: Karlsruhe Heart Model [86]

Unter strömungs- und strukturmechanischer Betrachtung lässt sich das Modell in einen aktiven und einen passiven Part unterteilen. Im aktiven Teil (rot) wird die Bewegung des Herzens maßgeblich durch die muskuläre Kontraktion bzw. Relaxation bestimmt. Die Bewegung des passiven Teils (blau) resultiert aus der Interaktion zwischen der Strömung und den elastischen Gefäßwänden.

Derzeit existieren am Institut für Strömungslehre zwei Modellansätze, die je nach medizinischer Fragestellung zum Einsatz kommen:

Das **KaHMo**^{MRT} betrachtet den *status quo* des Herzens und ist demnach für die Beurteilung von chirurgischen Eingriffen einsetzbar. Die vom Tomographen aufgenommenen Bilddaten (DICOM) beinhalten phasengetriggerte Geometrieinformationen, die die Herzbewegung über einen Herzzyklus wiedergeben. Mit einer entsprechenden Segmentierung lässt sich die Fluidraumbewegung für die Strömungssimulation extrahieren. Ein großer Vorteil des KaHMo^{MRT} ist, dass es mit der Dateninformation aus den Standarduntersuchungen im klinischen Alltag auskommt.

Das **KaHMo**^{FSI} verfolgt den Ansatz einer patientenspezifischen *What-If-Studie*. Unter Berücksichtigung der Herzmuskulatur wird hier eine strömung-struktur gekoppelte Simulation durchgeführt. Die durch einen Infarkt verursachten lokalen Gewebeveränderungen lassen sich im Fasermodell des Herzmuskels darstellen, wodurch Aussagen darüber getroffen werden können, wie sich die Herzkammer strukturell verändert. Des Weiteren könnte der Chirurg bereits vor der Operation entscheiden, wie er das Herz optimal rekonstruiert. Für das KaHMo^{FSI} ist jedoch die patientenspezifische Muskelinformation erforderlich. Erste Aufnahmeverfahren wurden bereits entwickelt [65].

Beide Modellansätze ergänzen sich und bilden zusammen eine Einheit zur Planung und Beurteilung von Herzoperationen.

1.3 Stand der Forschung

Als Vorreiter der computergestützen Strömungssimulation im Herzen gelten *McQueen* und *Peskin*, die ein dreidimensionales dünnwandiges Modell der beiden Herzkammern mit detaillierten Klappen und vereinfachten Vorhöfen auf Basis von Hunde- und Schweineherzen entwickelten. Der Fokus ihrer Arbeit liegt auf der Implementierung der Immersed Boundary Condition, über die Fluid und Herzstruktur interagieren [66, 91, 92]. *Lemmon* und *Yoganathan* griffen diese Methode auf und untersuchten den Einfluss struktureller Disfunktionen während der Diastole an Ventrikel und vereinfachtem Vorhof [55]. Neben diesen dünnwandigen Strukturmodellen entstehen auch biophysikalisch realistischere Fasermodelle des Herzmuskels [118, 54, 125]. *Hunter et al.* entwickelten ein nichtlineares Finite-Elemente-Strukturmodell auf Basis von Tierherzen, um unter anderem den Einfluss der elektrischen Erregung auf den Herzmuskel zu untersuchen [39, 76]. *Oertel et al.* entwickelten ein auf Patientendaten basierendes Modell des Gesamtherzens unter anwendungsspezifischen Gesichtspunkten [82, 86, 87].

Erste instationäre numerische Simulationen mit generischer Vorgabe der Fluidraumbewegung führten *Taylor et al.* auf Basis präparierter Hundeherzen ohne aszendierende Gefäße durch. Sie untersuchten dabei den Einfluss eines Myokardinfarkts während der Systole [120, 119]. *Moore et al.* zeigten jedoch am Beispiel der aorta-iliac Bifurkation eines Kaninchens, dass sich die extrahierten Geometrien der *ex vivo*- und der *in vivo*-Untersuchungen signifikant unterscheiden [70] und wiesen somit auf die Notwendigkeit einer geeigneten Datenerhebung hin. Zeitgleich entwickelten *Jones* und *Metaxas* ein erstes numerisches Herzmodell auf Basis von *in vivo* MRT-Daten [42], welches zunächst stark vereinfacht nur den unteren Teil des Ventrikels ohne Klappengegend darstellt und so der Ausströmvorgang über die gesamte Herzfläche erfolgt. *Saber et al.* [99, 100] und *Long et al.* [61, 60] ergänzten das Modell um die beiden Herzklappen, die angrenzenden Gefäße wurden hier nicht berücksichtigt. Die Arbeit der Letztgenannten ist im Review von *Merrifield et al.* [68] zusammengefasst. Die dort eingeführte Methodik ist von großer Ähnlichkeit zum KaHMo^{MRT}, erreicht jedoch nicht dessen Genauigkeit hinsichtlich Modellgeometrie und Vorgabe der Randbedingungen.

Nakamura et al. entwickelten ein generisches Modell bestehend aus Ventrikel und Aorta, deren Bewegung durch eine mathematische Funktion vorgegeben wurde [73, 74]. Sie untersuchten damit die Ventrikeleinlassströmung mit unterschiedlichen Klappenöffnungen und Öffnungsvorgängen [72, 75]. Die Modellierung des Vorhofs wurde trotz seiner wichtigen Funktion als Richtungsvorgeber im Einströmprozess [64, 101] in den obigen Modellen nicht berücksichtigt. Dies ist unter anderem auf die recht komplexe Geometrie und der damit verbundenen anspruchsvollen Modellerstellung zurückzuführen. *Steinmann et al.* simulierten erstmals ein Aneurysma basierend auf MRT-Daten [117].

Auf Basis von *Oertel et al.* [81, 82, 83, 84, 86, 87] wird am Institut für Strömungslehre der Universität Karlsruhe (TH) das Karlsruhe Heart Model (KaHMo) entwickelt. Im ersten Schritt erstellte *Keber* [45] ein patientenspezifisches Modell des linken Ventrikels anhand von MRT-Daten. *Meyer* [69] und *Zürcher* [128] untersuchten die Wechselwirkung zwischen Strömung und Struktur in der Aorta. Beide Modelle wurden von *Donisi* [21] zusammengeführt und erstmals auf pathologische Fälle angewendet. *Malvè* [64] beschäftigte sich in seiner Arbeit mit patientenspezifischen Herzklappenmodellen und zeigte die Bedeutung des Vorhofs auf den Einströmvorgang in den Ventrikel. *Reik* [95] erweiterte das KaHMo um die rechte Herzkammer samt angrenzender Gefäße und implementierte ein Kreislaufmodell. *Cheng et al.* führte erste strömung-struktur-gekoppelte Untersuchungen mit einem approximierten, symmetrischen Schalenmodell durch [16]. *Krittian* [50] entwickelte ein Strömungs-Struktur-Modell auf Basis realer Herzmuskelinformationen (KaHMo^{FSI}).

Neben der numerischen Strömungsvisualisierung ermöglichen neue Technologien in der Bildaufnahme und Datenerhebung Strömungsuntersuchungen mit Hilfe von Echo-Doppler-Kardiographie bzw. Magnet-Resonanz-Tomographie [47, 124, 52, 23, 65, 43]. *Kilner et al.* weiteten diese Untersuchungen neben der linken Herzkammer auf die rechte bzw. auf die beiden Vorhöfe aus [46, 127]. Die dreidimensionale Strömung im linken Vorhof mittels MRT ist in *Fyrenius et al.* detailliert vorgestellt [31].

In vivo Flussuntersuchungen sind jedoch zeitlich beschränkt, durch Atmungsartefakte ungenau und nicht reproduzierbar. *Liepsch et al.* führte daher Grundlagenuntersuchungen an Arterienverzweigungen und der Aorta sowie Optimierungen von Stentimplantaten mittels Laser-Doppler-Anemometie (LDA) und/oder Particle-Image-Velocimetry (PIV) durch [56, 58, 57, 34, 11]. *Schmid et al.* optimierte mittels PIV die Pumpkammer eines Herzunterstützungssystems [103]. Der Einfluss von künstlichen Herzklappen auf das Strömungsverhalten wurde unter anderen von [7, 44, 15, 48] experimentell untersucht.

1.4 Zielsetzung und Gliederung

Die Zielsetzung dieser Arbeit resultiert aus dem Anspruch, mit dem KaHMo^{MRT} einen strömungsmechanischen Beitrag zur Planung und Beurteilung von Herzoperation in der klinischen Anwendung zu liefern. Die daraus abgeleiteten Teilziele geben die Gliederung der Arbeit vor.

Grundlagen (Kapitel 2-4)
Für eine erfolgreiche Modellierung und quantitative Analyse der kardialen Strömungs-

struktur im menschlichen Herzen sind interdisziplinäre Grundlagen erforderlich, die über die Grundkenntnisse des Ingenieurs hinausgehen. Neben dem theoretischen Hintergrund und der numerischen Anwendung spielen insbesondere Kenntnisse über die Anatomie und Physiologie des Herzens eine besondere Rolle.

Modellierung (Kapitel 5)

Wie in [64, 101] beschrieben, dirigiert der Vorhof das Einströmverhalten in den Ventrikel. Aufgabe ist es daher, das Herzmodell um einen anatomisch korrekten Vorhof mit vier Zuläufen zu erweitern. Da dies mit dem aktuellen Stand des KaHMo^{MRT} [95] nur bedingt möglich ist, wird das Modell von strukturierten auf unstrukturierte Volumennetze umgestellt. Diese reagieren weit weniger anfällig auf komplexe Geometrieveränderungen und ermöglichen darüberhinaus die zukünftige Integration des KaHMo in die klinische Anwendung (siehe *Anwendung*).

Validierung (Kapitel 6)

Die Schwierigkeit bei der Validierung numerischer Modelle, die auf *in vivo* gemessenen Geometrieinformationen basieren, ist es, genaue und aussagekräftige Vergleichsdaten zu akquirieren. Daher wird in Kooperation mit dem Labor für Fluiddynamik der Fachhochschule München die Herzströmung in einem Silikonventrikel abgebildet und mit PIV vermessen. Die daraus extrahierten Geometriedaten dienen als Bewegungsvorgabe für die Simulation. Diese wird sowohl mit dem strukturierten als auch mit dem unstrukturierten Volumennetz durchgeführt. Die Ergebnisse werden anschließend mit den Geschwindigkeitsinformationen aus der PIV-Messung verglichen.

Anwendung (Kapitel 7+8)

Das in den Kapiteln 5 und 6 vorgestellte und validierte Herzmodell wird in Kapitel 7 auf einen gesunden, patientenspezifischen Datensatz angewendet. Im Vordergrund steht dabei die Analyse der Strömungsstruktur im linken Vorhof und im linken Ventrikel sowie die Bewertung der Software- und Methodenumstellung. Die erhaltenen Ergebnisse fließen in das abschließende Kapitel 8 ein, in dem ein Konzept zur erfolgreichen Integration des KaHMo^{MRT} in den klinischen Alltag, unter dem Gesichtspunkt eines strömungsmechanischen Beitrags zu Planung und Beurteilung von Herzoperationen, entwickelt wird. Es beinhaltet insbesondere die Entwicklung von Kennzahlen zur Charakterisierung der Herzströmung sowei einen Leitfaden zur Automatisierung des Modells für die klinische Anwendung.

2 Das menschliche Herz

Das Herz wird oft als Motor des menschlichen Kreislaufs bezeichnet, da es mit seiner Funktion als Pumpe den stetigen Blutfluss durch die Gefäße aufrecht erhält. Im folgenden Kapitel werden Anatomie und Physiologie dieses Organs, seine Aufgabe im Körperkreislauf sowie typische Krankheitsfälle beschrieben. Abschließend werden die Eigenschaften von Blut erläutert.

2.1 Anatomie und Physiologie

Im Laufe der Evolution hat sich beim Menschen ein komplexer Blutkreislauf entwickelt, der sich in ein Hochdruck- und ein Niederdrucksystem mit jeweils gesonderter Pumpe gliedert. Diese Pumpen bilden zusammen das Herzorgan, welches sich im Mediastinum (Mittelfellraum) befindet und vorne vom Brustbein, seitlich von den Lungenflügeln, hinten von der Speißeröhre und unten vom Zwerchfell abgegrenzt wird [26].

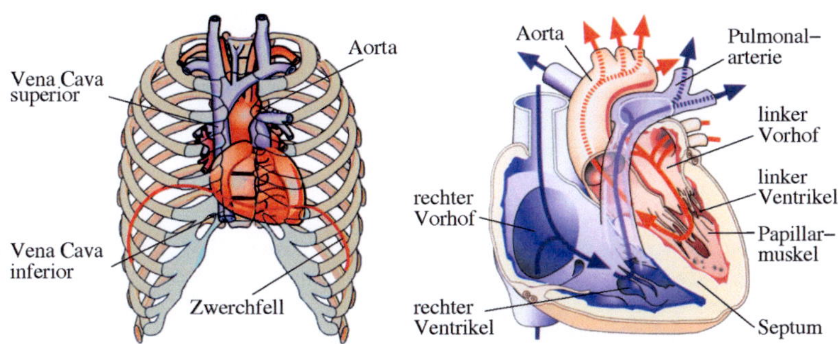

Abbildung 2.1: Lage und Aufbau des Herzens [71]

Die Form des Herzens entspricht der eines abgestumpften Kegels, dessen Spitze (Apex) bis in den fünften Interkostalraum (Zwischenrippenraum) des linken Brustraums reicht. Die Größe und das Gewicht des Organs sind abhängig von Alter, Geschlecht und allgemeiner Konstitution. Als Richtwerte für ein gesundes Herz gelten die geballte Faust für die Größe und 200-350g für das Gewicht [51, 71].

2.1.1 Aufbau des Herzens

Nach Abbildung 2.1 ist das Herz ein Hohlmuskel bestehend aus zwei Teilsystemen mit jeweils einem Vorhof (Atrium) und einer Herzkammer (Ventrikel). Beide Systeme sind durch die Herzscheidewand (Septum) voneinander getrennt. Das Blut wird vom linken Herzen über die Aorta und vom rechten Herzen über die Pulmonalarterie in die jeweiligen Kreisläufe geleitet. Zwischen Ventrikel und Vorhof bzw. der angrenzenden Arterie befindet sich eine Bindegewebsschicht, in der die Faserringe (anuli fibrosi) der Herzklappen (Abb. 2.3) integriert sind. Diese Ventilebene dient zum einen der mechanischen Stabilisierung, zum anderen trennt es die Muskulatur der Vorhöfe und Herzkammern und ermöglicht so eine gezielte elektrische Erregungsleitung (siehe 2.1.3).

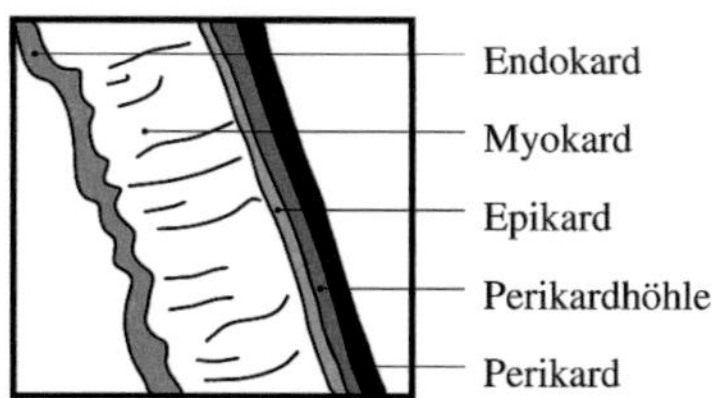

Abbildung 2.2: Herzwand

Die Herzwand setzt sich nach Abbildung 2.2 aus mehreren Schichten zusammen.

- Das ca. 1 mm dünne **Endokard** kleidet den gesamten Innenraum des Hohlorgans aus und überzieht das Bindegewebe der Herzklappen.
- Das angrenzende **Myokard** setzt sich aus einem Netz quergestreifter, sich verzweigender Muskelfasern zusammen, die die Herzspitze spiralförmig umwickeln. Aufgrund der unterschiedlich hohen Druckniveaus, gegen die die Kammern pumpen müssen, beträgt die Schichtdicke im linken Ventrikel 8-11 mm, im rechten Ventrikel 2-4 mm und in den Vorhöfen ca. 1 mm [38].
- Die Außenhaut des Herzens wird **Epikard** genannt und ist ebenfalls relativ dünn ($< 1mm$). Es umschließt alle Blutgefäße sowie das aufgelagerte Fett.

Das **Perikard** besteht aus festem Bindegewebe und eingelagertem Fettgewebe. An unterer Stelle ist es mit dem Zwerchfell, seitlich mit dem Brustfell und an den Ein- und Austrittsstellen in die Ventrikel mit dem Epikard verwachsen. Das Perikard fixiert das Herz in seiner Lage im Mediastinum und trennt es von anderen Organen im Brustraum. Zwischen Epikard und Perikard befindet sich ein mit klarer Flüssigkeit gefüllter Gleitspalt (Perikardhöhle), der Reibung zwischen dem schlagenden Herzen mit dem relativ steifen Perikard verhindert.

Die Lenkung des Blutes in die physiologisch vorgesehene Flussrichtung wird über **Herzklappen** realisiert, die sich nach dem Funktionsprinzip eines Ventils in nur eine Richtung öffnen lassen. Sie liegen in der Ventilebene zwischen den Ventrikeln und den Vorhöfen bzw. den angrenzenden Arterien (Abb. 2.3) und bestehen aus einer flexiblen und dünnen Bindegewebsschicht, die mit Endokard überzogen ist [71]. Die Öffnungs- und Schließungsvorgänge während eines Herzzyklus (Kap. 2.1.2) hängen von den vorherrschenden Druckgradienten ab [111].

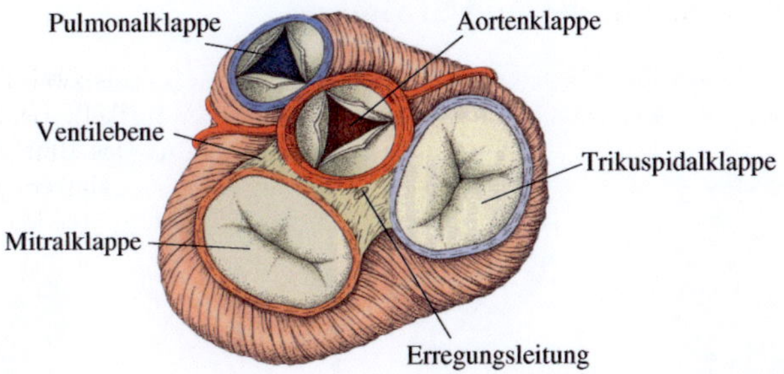

Abbildung 2.3: Herzklappen des linken (rot) und rechten (blau) Herzens [108]

Zwischen den Vorhöfen und den Kammern liegen die **Segelklappen**, auch Atrio-Ventrikularklappen genannt, welche beim linken Herzen aus zwei (Biskuspidalklappe oder **Mitralklappe**) und beim rechten Herzen aus drei Segeln (**Trikuspidalklappe**) bestehen. Über feine Sehnenfäden sind sie mit den Papillarmuskeln im Ventrikel verbunden, die ein Rückschlagen der Klappen während der Ausströmphase verhindern.

Die Klappe zwischen Ventrikel und Aorta (**Aortenklappe**) bzw. Pulmonalarterie (**Pulmonalklappe**) besteht aus drei taschenartigen Mulden. Wird das Blut aus dem Ventrikel in das angrenzende Gefäß gepumpt, geben die **Taschenklappen** dem Druck nach und öffnen sich. Zum Ende des Ausströmvorgangs beginnt das Blut zurück in die Kammer zu fließen, wodurch sich die Mulden mit Blut füllen, nach unten gedrückt werden und so die Klappe verschließen [71].

2.1.2 Aktionsphasen und Strömung

Das gesunde menschliche Herz kontrahiert in Ruhe durchschnittlich 60-80 mal pro Minute und pumpt dabei vier bis sechs Liter Blut in den Kreislauf [111].

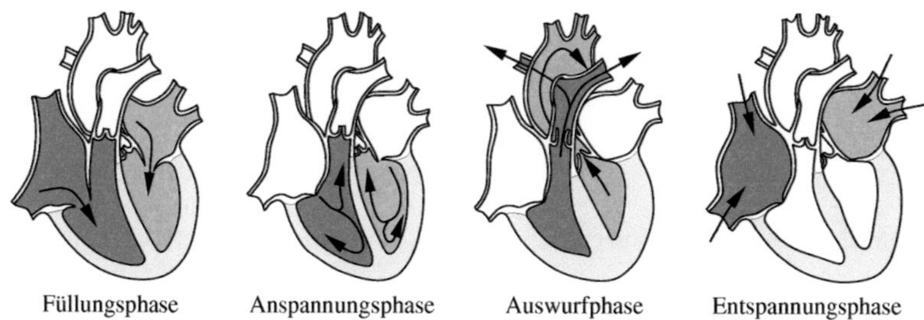

Abbildung 2.4: Aktionsphasen im Herzzyklus [84]

Nach Abbildung 2.4 unterteilt sich der Herzzyklus in vier Aktionsphasen, wobei Entspannungsphase und Füllungsphase in der **Diastole** und Anspannungsphase und Auswurfphase in der **Systole** zusammengefasst sind. Die einzelnen Phasen laufen im linken und rechten Herzen synchron ab und werden im Folgenden am Beispiel des linken Herzens beschrieben.

Zu Beginn der **Füllungsphase** fließt das Blut mit relativ hoher Geschwindigkeit ($\bar{v}_{max} \approx$ $0,8 \ m/s$) in den Ventrikel, sodass dieser bereits nach kurzer Zeit bis zu 80% gefüllt ist [121]. Dabei verursacht die schnelle Strömung den 3. Herzton (Abb. 2.7) [71]. Die Einströmrichtung des Blutes wird maßgeblich durch die Form des Vorhofs und die Lage der Mitralklappe vorgegeben. Durch den raschen Volumenanstieg verkleinert sich der Druckgradient zwischen Ventrikel und Vorhof, was zu einer Verlangsamung der Füllung und zu einer kurzzeitigen Schließbewegung der druckgesteuerten Mitralklappe führt. Zum Ende dieser Phase kontrahiert der Vorhof und bringt dadurch den Ventrikel auf sein maximales *enddiastolisches* Volumen. Da die an den Vorhof grenzenden Lungenvenen keine Venenklappen besitzen, kann es dabei zu leichten Rückströmungen kommen. Übersteigt der Ventrikeldruck den des Vorhofs, schließt die Mitralklappe.

In der **Anspannungsphase** kontrahiert der Herzmuskel bei geschlossenen Herzklappen isovolumetrisch. Dadurch steigt der Kammerdruck extrem schnell an und übersteigt bei etwa 107 *mbar* den der Aorta, wodurch sich die Aortenklappe öffnet. Das ruckartige Zusammenziehen des Herzmuskels verursacht den 1. Herzton.

Mit dem Öffnen der Aortenklappe beginnt die **Auswurfphase**, in der die maximalen Drücke in Ventrikel und Aorta auf bis zu 160 *mbar* ansteigen [111]. Mit der abfallenden Erregung des Myokards (siehe 2.1.3) sinkt der Kammerdruck und fällt unter den der Aorta, worauf sich die Aortenklappe schließt (2. Herzton). Dabei hat das Herz sein kleinstes *endsystolisches* Volumen erreicht. Während der Auswurfphase ist die Mitralklappe geschlossen, sodass sich der Vorhof zum einen durch das stetig nachfließende Blut aus den Lungenvenen und zum andern durch die Saugwirkung der nach unten senkenden Ventilebene füllt.

In der isovolumetrischen **Entspannungsphase** fällt der Ventrikeldruck (7 *mbar*) unter den des Vorhofs (16 *mbar*), worauf sich die Mitralklappe öffnet und der Zyklus erneut mit der Füllungsphase beginnt.

In Abbildung 2.5 ist die berechnete Strömungsstruktur in projizierten Stromlinien auf den Längsschnitt (oben) und in dreidimensionaler Ansicht (unten) zu vier signifikanten Zeitpunkten im Herzzyklus dargestellt.

Zu Beginn des Füllvorgangs ($t/T_0=0,76$) öffnet sich die Mitralklappe und Blut fließt in Form eines Jets in den Ventrikel. Dieser wird im ruhenden Fluid abgebremst, wodurch sich ein Ringwirbel als Ausgleichsbewegung bildet. Im weiteren Verlauf nimmt der Wirbel zu und wandert in Richtung Herzspitze. Aufgrund der länglichen Form des Ventrikels und der vorgegebenen Einströmrichtung durch den Vorhof verstärkt sich die linke Seite des Ringwirbels, worauf es zu dessen Deformation und Neigung in Richtung Ventrikelspitze kommt ($t/T_0=0,05$). In der zweidimensionalen Darstellung äußert sich dies in einer Verzweigung in die Ventrikelspitze.

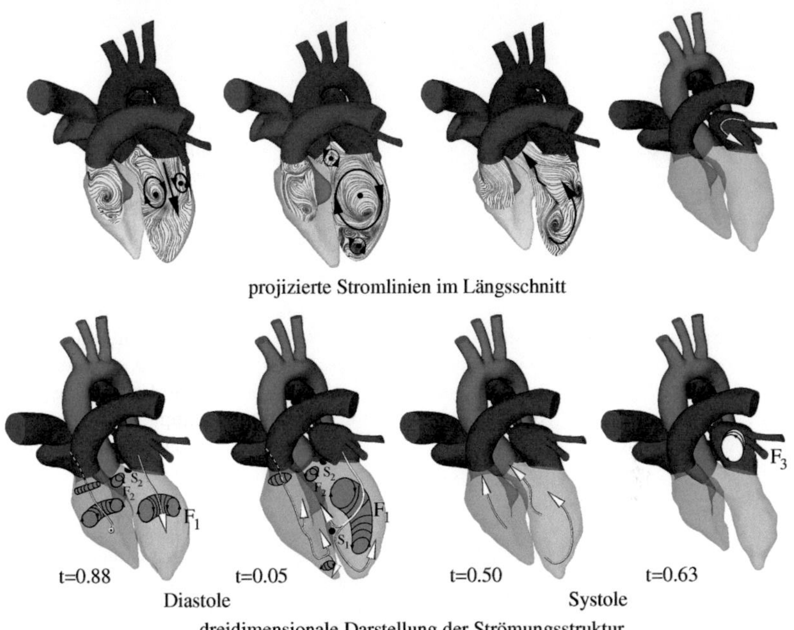

Abbildung 2.5: Strömung im Herzen $Re_D=3470$, $Wo=25$, $T_0=1,03s$ [83, 84, 95]

Zum Ende der Diastole hat die Geschwindigkeit der Wirbel stark abgenommen, so dass die weitere Deformation einzig durch die Trägheit der dreidimensionalen Strömung bestimmt ist. Parallel induziert der obere Teil des Ringwirbels einen Sekundärwirbel im Aortenkanal. Zum Ende der Diastole schließt die Mitralklappe und der Ausströmvorgang durch die Aortenklappe beginnt ($t/T_0=0,41$). Gleichzeitig wird das durch die Lungenvenen nachfließende Blut im Vorhof gespeichert.

2.1.3 Erregungsbildung und -leitung

Das Herz besitzt Muskelzellen, die Erregungsimpulse bilden und weiterleiten (Reizbildungs- und Reizleitungssystem) und solche, die Impulse mit einer Kontraktion beantworten (Arbeitsmyokard). Da die Erregungsbildung innerhalb des Organs geschieht und nicht durch Nervenzellen gesteuert wird, funktioniert das Herz vollkommen autonom. Einzig die Regulierung von Herzschlag und Kontraktionskraft bei Anstrengung oder emotionaler Aufregung erfolgt über Impulse des vegetativen Nervensystems.

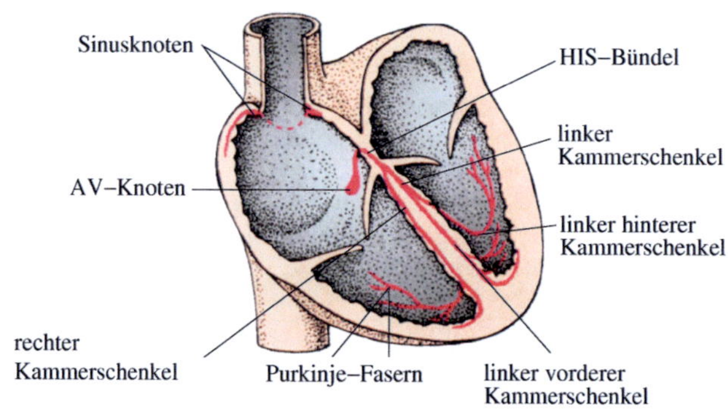

Abbildung 2.6: Erregungsleitungssystem im Herzen [38]

Die Erregung des Herzens beginnt im Sinusknoten, einem Geflecht aus mehreren hundert Zellen [104], das sich im rechten Vorhof befindet (Abb. 2.6). Von dort geht die Erregung auf die Muskulatur beider Vorhöfe über und löst die Vorhofkontraktion aus. Die in Kapitel 2.1.1 beschriebene Ventilebene verhindert einen direkten Erregungsübergang auf die Ventrikel, so dass dieser über die einzige Verbindungsstelle, den AV-Knoten (Atrioventrikularknoten) gesteuert wird. Dessen Aufgabe ist es, die Ventrikelkontraktion zu verzögern. Über das HIS-Bündel gelangt die Erregung durch die Ventilebene in den rechten und linken Kammerschenkel. Diese führen entlang des Septums in Richtung Herzspitze, wobei sich der linke Kammerschenkel in einen hinteren und einen vorderen Kammerschenkel aufteilt. Die Enden der Verzweigungen gehen netzartig in die Purkinje-Fasern über, die die Erregung auf das Kammermyokard übertragen. In ihm breitet sich der Reiz von innen nach außen und von der Spitze zur Basis aus [30, 111].

Elektrokardiogramm (EKG)

Während die Erregungsfront durch den Muskel wandert, entstehen zwischen den erregten und nicht erregten Bereichen Potentialdifferenzen (Spannungsvektoren). Durch Summation aller Einzelvektoren ergibt sich ein integraler Spannungsvektor des Gesamtherzens, der sich als Stromflusskurve (EKG) über einen Herzzyklus aufzeichnen lässt. Bei einem gesunden Menschen zeigt sich nach Abbildung 2.7 eine typische Abfolge von Kurven und Zacken, die sich der elektrischen Reizausbreitung zuordnen lassen [71].

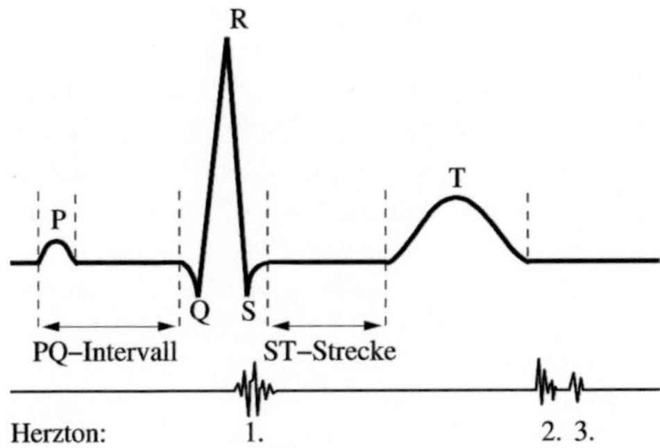

Abbildung 2.7: Elektrokardiogramm (oben) und 1., 2., 3. Herzton (unten)

Die Erregung des Sinusknotens ist aufgrund der geringen Potentialdifferenz im EKG nicht erkennbar, die Ausbreitung auf die Vorhöfe zeigt sich jedoch in der P-Welle ($< 0,1$ s), welche auf Null abklingt, sobald die Vorhöfe vollständig erregt sind. Die Erregung des AV-Knotens und des HIS-Bündels bleibt erneut elektrisch stumm. Die dort beschriebene Verzögerung charakterisiert die PQ-Strecke ($< 0,2$ s). Die QRS-Gruppe kennzeichnet die Erregungsausbreitung in beiden Herzkammern ($< 0,1$ s). Die Q-Zacke bildet sich bei der Erregung des Septums, die R-Zacke beim größten Teil des Myokards und die S-Zacke bei den letzten Stellen des Ventrikels in der Klappengegend. Die unterschiedlichen Vorzeichen und Größen der drei Zacken sind darin begründet, dass sich der integrale Spannungsvektor in Richtung und Stärke ändert. Die gleichzeitig stattfindende Erregungsrückbildung im Vorhof ist vollständig überlagert und daher nicht zu erkennen. Während der folgenden ST-Strecke ist der Ventrikel vollständig erregt und das EKG-Signal geht auf Null zurück. Die T-Welle beschreibt die Erregungsrückbildung des Myokards (QT-Intervall: $0,2$-$0,4$ s) [33]. Aufgrund der charakteristischen Kurve können Störungen im Erregungssystem mit Hilfe das EKG genau lokalisiert werden.

2.1.4 Biomechanik des Herzens

Die vom Herzen aufzubringende Arbeit setzt sich aus einer *internen* und einer *externen* Komponente zusammen:

- Die *interne Arbeit* benötigt das Myokard, um Ionentransporte aufrecht zu halten, Syntheseleistungen für die Strukturerhaltung aufzubringen und den Wärmehaushalt zu regulieren. Sie nimmt etwa 70 bis 85% der gesamten aufzubringenden Arbeit ein [9].
- Unter *externer Arbeit* versteht sich diejenige, die der Muskel auf das Blut überträgt. Sie beinhaltet zum einen die mechanische Druck-Volumenarbeit A_P, die das Herz während der Systole aufbringen muss, um das Blut gegen den arteriellen Druck auszuwerfen. Zum anderen wird Beschleunigungsarbeit benötigt, um die Trägheit des Fluids zu überwinden und es auf die Auswurfgeschwindigkeit zu bringen [71]. Letztere ist mit 1% der Gesamtarbeit sehr gering.

Die externe Arbeit kann sich bei Druck- und Volumenschwankungen im Kreislauf, z.B. durch Wechsel der Körperposition, ohne nervale oder hormonelle Einflüsse kurzfristig den geänderten Bedingungen anpassen, um das Schlagvolumen der beiden Herzkammern auf dem gleichen Wert zu halten. Diese intrakardiale Anpassung ist als **Frank-Starling-Mechanismus** bekannt:

Bei erhöhtem Blutvorkommen im venösen Kreislauf steigt das Kammervolumen und somit die Vorlast. Letztere beschreibt die durch die Füllung *passiv* entstandene Wandspannung in der Herzkammer. Die so stärker gedehnten Herzmuskeln verkürzen sich in der folgenden Anspannungsphase stärker, erhöhen das Schlagvolumen und pumpen so mehr Blut in den arteriellen Kreislauf.
Die Nachlast beschreibt die *aktive* Wandspannung zur Überwindung des diastolischen Aortendrucks [71]. Erhöht sich dieser plötzlich, ist der Ventrikel zunächst nicht in der Lage, das gleiche Schlagvolumen auszuwerfen. Dadurch bleibt mehr Restblut im Ventrikel zurück, die Kammermuskulatur wird mit dem zusätzlich einströmenden Blut im Folgezyklus gedehnt, was wiederum in einer stärkeren Kontraktion mit höherem Schlagvolumen resultiert. Auf diese Weise nimmt der Ventrikel wieder sein normales Volumen ein.

2.2 Körperkreislauf

Nach Abbildung 2.8 besteht der Kreislauf des menschlichen Körpers aus einem in sich geschlossenen System von teils parallel, teils seriell geschalteten Blutgefäßen, die den Körper mit Sauerstoff und Nährstoffen versorgen und gleichzeitig den Abtransport von Stoffwechselendprodukten, die Rückfuhr des verbrauchten Blutes sowie den Wärmehaushalt im Körper regeln.

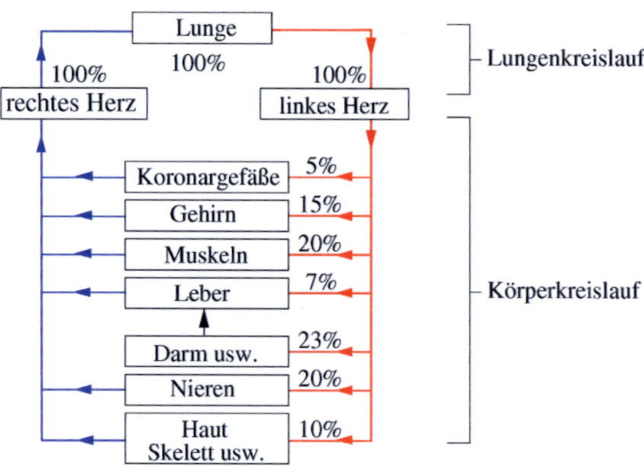

Abbildung 2.8: Kreislaufsystem des Menschen

Im **Körperkreislauf** wird ausgehend vom linken Ventrikel sauerstoffreiches Blut in die

Aorta gepumpt. Von dort gelangt es über die großen Körperschlagadern (Arterien) in die sich verzweigenden kleineren Arteriolen, bevor sie in die Kapillaren der verschiedenen Organ- und Muskelgebiete münden. Dort finden Austauschvorgänge zwischen dem Blut und den Zellen des umgebenden Gewebes in beide Richtungen statt. Anschließend strömt das verbrauchte Blut über die Venolen in die kräftigeren Venen, die sich in der unteren und oberen Hohlvene vereinigen und in den rechten Vorhof münden.

Der rechte Ventrikel pumpt im **Lungenkreislauf** das sauerstoffarme Blut über die Pulmonalarterie in das Kapillarnetz der Lunge, in der das Blut mit Sauerstoff angereichert und vom Kohlendioxid befreit wird, bevor es über die Lungenvenen und den linken Vorhof in den linken Ventrikel zurückfließt.

Des Weiteren lässt sich der Kreislauf in die Bereiche hohen und niedrigen Drucks aufteilen. Das Niederdrucksystem (Abb. 2.8, blau) umfasst alle Körpervenen in denen sich bis zu 85% des gesamten Blutvolumens befinden. Der durchschnittliche Blutdruck beträgt dort etwa 27 *mbar*. Die arteriellen Gefäße bilden mit 80-133 *mbar* das Hochdrucksystem (Abb. 2.8, rot). Der hohe Druckverlust zwischen den beiden Systemen resultiert aus den Kapillaren in den Organ- und Muskelregionen, die aufgrund ihres sehr geringen Durchmessers einen Strömungswiderstand induzieren. Der jeweilige prozentuale Anteil ist in Abbildung 2.8 angegeben [104].

Sauerstoffversorgung des Herzens
Die Versorgung des Herzens erfolgt über zwei Arterien, die direkt von der Aorta abgehen und mit ihren Verzweigungen das gesamte Herz umschließen (**Koronararterien**). Die rechte Koronararterie versorgt den rechten Vorhof, den rechten Ventrikel, die Herzhinterwand und einen kleinen Teil des Septums, die linke Koronararterie den linken Vorhof, den linken Ventrikel und das Septum. Nach dem Stoffaustausch in den Kapillaren münden die Venen in den rechten Vorhof.

2.3 Pathophysiologie des Herzens

Wie eingangs beschrieben, sterben in Deutschland jährlich ca. 350.000 Menschen an Krankheiten [6], die entweder die Koronararterien, den Herzmuskel oder die Herzklappen betreffen.

Koronare Herzkrankheit
Ursache der koronaren Herzkrankheit ist die Arteriosklerose, bei der die Gefäßwand durch fibröse Einlagerungen verdickt und so das Lumen (Innendurchmesser der arteriellen Gefäße) zunehmend verkleinert wird, sowie Blutungen und Thrombenbildung hervorgerufen werden. Treten diese Einlagerungen in den Koronarien auf, kommt es mit zunehmender Verengung zur Myokardischämie, einer Blutunterversorgung des Myokards. Die daraus resultierenden Beschwerden sind vom Schweregrad der Verstopfung abhängig. Eine *instabile Angina pectoris* verursacht auch bei Ruhe stetige Schmerzen und gilt häufig als ernstzunehmendes Vorzeichen eines Myokardinfarkts. Gegenmaßnahmen sind Gefäßaufdehnung durch Ballondilatation und Anbringung eines Drahtgeflechts (Stent) sowie die Legung eines Bypasses.
Bei andauernder Ischämie stirbt der betroffene Muskelteil ab. Da die Reizleitung an dieser

Stelle unterbrochen ist, kann der Infarkt mit Hilfes des EKGs genau lokalisiert werden (siehe 2.1.3). Die resultierenden herzmechanischen Folgen hängen von Ort, Ausdehnung und Vernarbung des abgestorbenen Gewebes ab, können jedoch tödlich verlaufen.

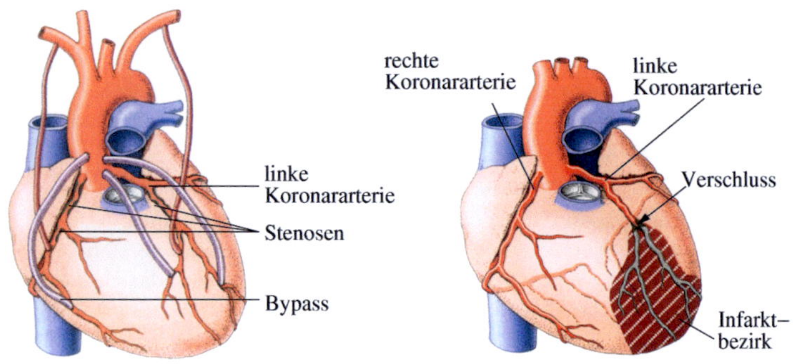

Abbildung 2.9: Bypass (links) und Myokardinfarkt (rechts) [38]

Herzhypertrophie

Ein erhöhter Blutdruck (Hypertonie) erfordert vom Ventrikel eine verstärkte Pumpleistung. Ist die Nachlast über einen längeren Zeitraum erhöht, führt dies ohne medikamentöse Behandlung zur Druckhypertrophie, einer konzentrischen Zunahme der Herzmuskelmasse und des Herzgewichts (Lumenverengung), um die Wandspannung zu senken. Ab einem kritischen Herzgewicht ($> 500\ g$) [112] ist der verdickte Herzmuskel nicht mehr in der Lage, die Wandspannung zu normalisieren (Dekompensation), es kommt zu einer Dilatation des Gewebes und endet oft in einer Insuffizienz des Herzens. Bei einer Volumenhypertrophie, hervorgerufen durch Klappeninsuffizienz, reagiert die Kammer mit einer exzentrischen Wandverdickung (Lumenerweiterung), die letztlich auch zu einer Herzinsuffizienz führt.

Herzinsuffizienz

Bei einer Herzinsuffizienz ist das Herz nicht mehr in der Lage, den Körper ausreichend mit Blut zu versorgen. Häufigste Ursachen sind unter anderen die koronare Herzkrankheit oder die Hypertrophie.

Bei der *Vorwärtsinsuffizienz* wird der systolische Auswurf durch Myokarderkrankung oder Druckbelastung verringert, bei der *Rückwärtsinsuffizienz* behindert eine Versteifung der Ventrikelwand den Füllvorgang der Herzkammer. Die einzelnen Stadien der Herzinsuffizienz werden durch den NYHA-Wert (New York Heart Association) charakterisiert [37]:

I = Herzerkrankung ohne körperliche Limitation. Alltägliche körperliche Belastung verursacht keine inadäquate Erschöpfung, Rhythmusstörungen, Luftnot oder Angina pectoris

II = Herzerkrankung mit leichter Einschränkung der körperlichen Leistungsfähigkeit. Keine Beschwerden in Ruhe. Alltägliche körperliche Belastung verursacht Erschöpfung, Rhythmusstörungen, Luftnot oder Angina pectoris

III = Herzerkrankung mit höhergradiger Einschränkung der körperlichen Leistungsfähigkeit bei gewohnter Tätigkeit. Keine Beschwerden in Ruhe. Geringe körperliche Belastung verursacht Erschöpfung, Rhythmusstörungen, Luftnot oder Angina pectoris

IV = Herzerkrankung mit Beschwerden bei allen körperlichen Aktivitäten und in Ruhe- Bettlägerigkeit.

Klappenstenose und -insuffizienz

Herzklappenfehler sind Folge angeborener Defekte, von Entzündungen oder altersbedingter degenerativer Veränderungen. Sie beeinträchtigen den gerichteten Blutfluss und damit die gesamte kardiale Hämodynamik.

Bei der *Mitralklappenstenose* wird die Füllung des Ventrikels während der Diastole durch eine verminderte Öffnung der Klappen behindert. Der erhöhte Druck in Vorhof und Lungenvenen begünstigt Vorhofflimmern sowie die Bildung von Thromben und führt zu einer pulmonalen Hypertonie. Die resultierende Druckbelastung des rechten Herzens endet bei fortschreitender Erkrankung in einer Rechtsherzinsuffiziens. Die *Aortenklappenstenose* kann vom linken Ventrikel über einen längeren Zeitraum kompensiert werden, indem dem hohen Strömungswiderstand eine verstärkte Kammerkontraktion entgegenwirkt. Erst bei einer Verengung von weniger als 1 cm^2 kommt es zur Hypertrophie der linken Herzkammer.

Bei der *Aortenklappeninsuffizienz* schließen sich die Taschen nicht vollständig, wodurch das Blut während der Diastole zurück in den Ventrikel strömt. Zur Aufrechterhaltung der Blutversorgung im Kreislauf, muss der Ventrikel sein Schlagvolumen um das sogenannte Pendelvolumen erhöhen. Die *Mitralklappeninsuffienz* kann sekundär bei allen Erkrankungen des Herzens auftreten, die zu einer Dilatation des Ventrikels führen. Der Ventrikel muss in diesem Fall das Pendelvolumen aus dem Vorhof während der Systole kompensieren. Die Klappeninsuffizienz führt bei fortschreitender Erkrankung zur Hypertrophie des linken Ventrikels.

2.4 Rheologie des Blutes

Das Blut ist eine Suspension bestehend aus Plasma ($\approx$ 58%) und festen zellulären Bestandteilen ($\approx$ 42%). Letztere setzen sich aus drei großen Gruppen mit folgenden Aufgaben zusammen:

- Erythrozyten (rote Blutkörperchen) : Transport von O_2 und CO_2
- Leukozyten(weiße Blutkörperchen) : Abwehr körperfremder Stoffe
- Thrombozyten (Blutplättchen)   : Blutgerinnung

Das Plasma besteht zu 90% aus Wasser in dem Proteine und Substanzen wie Hormone, Glukose und Stoffwechselprodukte gelöst sind [108]. Der Anteil der Erythrozyten am gesamten Blutvolumen wird *Hämatokrit* (Hkt) genannt [105].

Aufgrund seiner festen Bestandteile hat Blut die Eigenschaften einer *pseudoplastischen thixotropen Suspension* und weist daher eine variable Viskosität μ_{eff} auf, die sich nach Abbildung 2.10 in Abhängigkeit der Scherrate $\dot{\gamma}$ darstellen lässt. In Bereichen geringer Strömungsgeschwindigkeiten kommt es aufgrund kleiner Scherraten zur Aggregation der Erythrozyten. Diese lagern sich geldrollenartig zusammen und erhöhen so die Viskosität

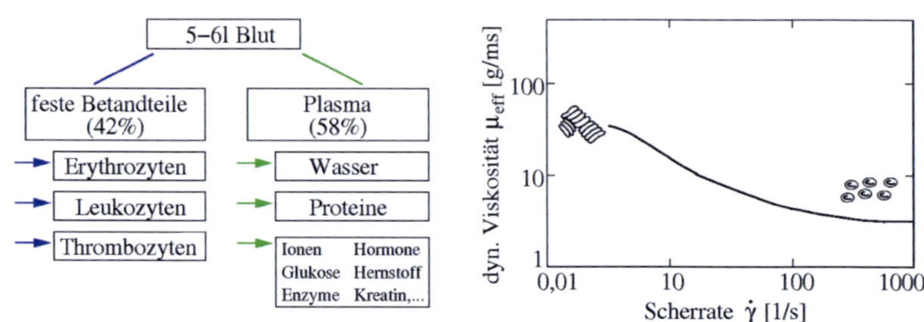

Abbildung 2.10: Zusammensetzung (links) und Viskosität (rechts) des Blutes

des Blutes [83]. Aufgrund hoher Scherraten und der Tatsache, dass der Aggregationsvorgang mit zehn Sekunden um eine Größenordnung länger als die durchschnittliche Pulszeit ist, kommt es in großen arteriellen Gefäßen zu keiner Geldrollenbildung [89]. Blut kann dort als isotrope, homogene und inkompressible Flüssigkeit mit nicht-newtonschen Eigenschaften betrachten werden, deren numerische Modellierung in Kapitel 3.3 erläutert ist.

3 Theoretische Grundlagen

Im diesem Kapitel werden neben den strömungsmechanischen Grundgleichungen und Randbedingungen die theoretischen Grundlagen zur Modellierung von Blut sowie zur Entwicklung dimensionsloser Kennzahlen erläutert. Des Weiteren werden die für diese Arbeit relevanten bildgebenden Verfahren und die zur Bestimmung experimenteller Strömungsergebnisse verwendete PIV-Methode beschrieben.

3.1   Grundgleichungen der Strömungsmechanik

Bei den meisten strömungsmechanischen Vorgängen ist die mittlere freie Weglänge der Fluidmolekühle signifikant kleiner als der durchströmte Raum. Aufgrund dessen können die molekularen Strukturen vernachlässigt und das Fluid als Kontinuum betrachtet werden. Zur Bestimmung der strömungsmechanischen Größen wie Geschwindigkeit $\boldsymbol{v} = (u, v, w)^T$, Druck p, Dichte ρ und Temperatur T dienen die Erhaltungsgleichungen für *Masse*, *Impuls* und *Energie* [27, 53, 85].

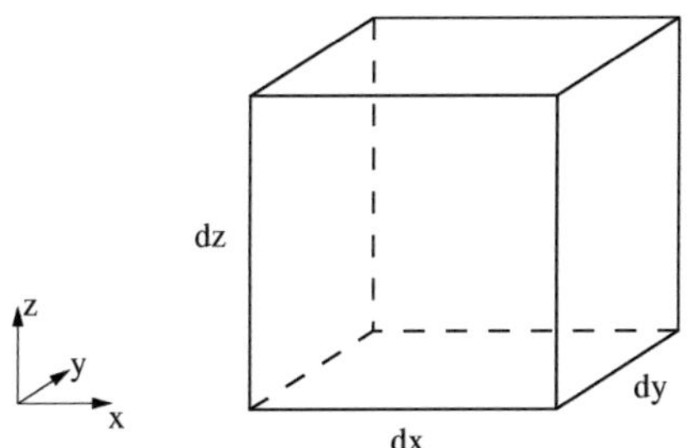

Abbildung 3.1: Inifitesimales Volumenelement

Dieses System partieller Differentialgleichungen ist vom Ort $\boldsymbol{x} = (x, y, z)^T$ und bei instationären Vorgängen von der Zeit t abhängig. Die Herleitung der Grundgleichungen für die laminare, inkompressible und instationäre Blutströmung im Herzen erfolgt an einem raumfesten, inifitesimalen Volumenelement $dV = dx \cdot dy \cdot dz$ nach Abbildung 3.1. Da es sich hierbei um eine isotherme Strömung handelt, ist die Energiegleichung zur Lösung des Problems nicht relevant und wird daher nicht weiter behandelt.

3.1.1 Massenerhaltung

In einer Strömung gilt für die zu- und abgeführte Masse m durch das Volumenelement:

Die zeitliche Änderung der Masse im Volumenelement =
$\sum$ *der einströmenden Massenströme in das Volumenelement -*
$\sum$ *der ausströmenden Massenströme aus dem Volumenelement*

Durch diese Bilanzierung ergibt sich die allgemeine Formel der Kontinuitätsgleichung:

$$\frac{\partial \rho}{\partial t} + \frac{\partial(\rho \cdot u)}{\partial x} + \frac{\partial(\rho \cdot v)}{\partial y} + \frac{\partial(\rho \cdot w)}{\partial z} = 0 \tag{3.1}$$

mit
- ρ $=$ Dichte des Fluids $\left[\frac{kg}{m^3}\right]$
- u, v, w $=$ Komponenten des Geschwindigkeitsvektors $\boldsymbol{v}$ $\left[\frac{m}{s}\right]$
- t $=$ Zeit $[s]$

Unter Berücksichtigung der inkompressiblen Eigenschaft von Blut ($\rho = konst.$) vereinfacht sich Gleichung 3.1 zu

$$\frac{\partial u}{\partial x} + \frac{\partial v}{\partial y} + \frac{\partial w}{\partial z} = 0, \tag{3.2}$$

die sich mit dem Nabla-Operator $\nabla = (\frac{d}{dx}, \frac{d}{dy}, \frac{d}{dz})^T$ in koordinatenfreier Vektorschreibweise darstellen lässt:

$$\nabla \cdot \boldsymbol{v} = 0 \tag{3.3}$$

3.1.2 Impulserhaltung

Die Herleitung der Erhaltungsgleichung für den Impuls ($\boldsymbol{I} = m \cdot \boldsymbol{v}$) erfolgt analog zur Massenerhaltung am Volumenelement dV:

Die zeitliche Änderung des Impulses im Volumenelement =
$\sum$ *der eintretenden Impulsströme in das Volumenelement -*
$\sum$ *der austretenden Impulsströme aus dem Volumenelement +*
$\sum$ *der auf das Volumenelement wirkenden Scher-und Normalspannungen +*
$\sum$ *der auf das Volumenelement wirkenden Kräfte*

Durch Aufstellen der Impulsbilanz und der wirkenden Kräfte ergeben sich die instationären, kompressiblen und dreidimensionalen Erhaltungsgleichungen für den Impuls (hier in x-Richtung dargestellt):

$$\frac{\partial(\rho \cdot u)}{\partial t} + \frac{\partial(\rho \cdot u \cdot u)}{\partial x} + \frac{\partial(\rho \cdot u \cdot v)}{\partial y} + \frac{\partial(\rho \cdot u \cdot w)}{\partial z} = f_x + \frac{\partial \tau_{xx}}{\partial x} + \frac{\partial \tau_{xy}}{\partial y} + \frac{\partial \tau_{xz}}{\partial z} \tag{3.4}$$

mit
- $\tau_{xx}, \tau_{xy}, \tau_{xz}$ $=$ Oberflächenspannungen in x-Richtung $[\frac{N}{m^2}]$
- f_x $=$ Volumenkraft in x-Richtung $[\frac{N}{m^3}]$

Die Normalspannungskomponete in x-Richtung τ_{xx} setzt sich aus einem druck- und einem reibungsbehafteten Anteil zusammen: $T_{xx} = \sigma_{xx} - p_x$. Mit Hilfe des Stokes'schen Reibungsansatzes [85] lassen sich die Normal- und Schubspannungen wie folgt ausdrücken:

$$\begin{aligned}
\sigma_{xx} &= 2 \cdot \mu \cdot \frac{\partial u}{\partial x} - \frac{2}{3} \cdot \mu \cdot \left(\frac{\partial u}{\partial x} + \frac{\partial v}{\partial y} + \frac{\partial w}{\partial z}\right) \\
\tau_{xy} &= \tau_{yx} = \mu \cdot \left(\frac{\partial v}{\partial x} + \frac{\partial u}{\partial y}\right) \\
\tau_{xz} &= \tau_{zx} = \mu \cdot \left(\frac{\partial w}{\partial x} + \frac{\partial u}{\partial z}\right)
\end{aligned} \tag{3.5}$$

mit
- μ $=$ Dynamische Viskosität $[\frac{kg}{m \cdot s}]$

Wird dieser Ansatz in die Gleichung 3.4 eingesetzt, ergibt sich (mit Gl. 3.2) die Impulsgleichung für eine inkompressible Strömung in x-Richtung (Gl. 3.6). Analog erfolgt die Herleitung in die y- bzw. z-Richtung (Gl. 3.7 und 3.8):

$$\rho \cdot \left(\frac{\partial u}{\partial t} + u \cdot \frac{\partial u}{\partial x} + v \cdot \frac{\partial u}{\partial y} + w \cdot \frac{\partial u}{\partial z}\right) = f_x - \frac{\partial p}{\partial x} + \mu \cdot \left(\frac{\partial^2 u}{\partial x^2} + \frac{\partial^2 u}{\partial y^2} + \frac{\partial^2 u}{\partial z^2}\right) \tag{3.6}$$

$$\rho \cdot \left(\frac{\partial v}{\partial t} + u \cdot \frac{\partial v}{\partial x} + v \cdot \frac{\partial v}{\partial y} + w \cdot \frac{\partial v}{\partial z}\right) = f_y - \frac{\partial p}{\partial y} + \mu \cdot \left(\frac{\partial^2 v}{\partial x^2} + \frac{\partial^2 v}{\partial y^2} + \frac{\partial^2 v}{\partial z^2}\right) \tag{3.7}$$

$$\rho \cdot \left(\frac{\partial w}{\partial t} + u \cdot \frac{\partial w}{\partial x} + v \cdot \frac{\partial w}{\partial y} + w \cdot \frac{\partial w}{\partial z}\right) = f_z - \frac{\partial p}{\partial z} + \mu \cdot \left(\frac{\partial^2 w}{\partial x^2} + \frac{\partial^2 w}{\partial y^2} + \frac{\partial^2 w}{\partial z^2}\right) \tag{3.8}$$

Vektoriell lassen sich die so genannten *Navier-Stokes-Gleichungen* mit dem Laplace-Operator $\Delta = (\frac{\partial^2}{\partial x^2} + \frac{\partial^2}{\partial y^2} + \frac{\partial^2}{\partial z^2})$ darstellen:

$$\rho \cdot \left(\frac{\partial \boldsymbol{v}}{\partial t} + (\boldsymbol{v} \cdot \nabla)\boldsymbol{v}\right) = \boldsymbol{f} - \nabla p + \mu \cdot \Delta \boldsymbol{v} \tag{3.9}$$

Nach Kapitel 2.4 ist Blut kein newtonsches Medium. Daher müssen die Gleichungen 3.6 bis 3.8 mit einem geeigneten Viskositätsmodell gelöst werden (siehe 3.3).

3.2 Anfangs- und Randbedingungen

Die im vorigen Abschnitt aufgestellten Gleichungen sind nichtlineare partielle Differentialgleichungen 2. Ordnung zu deren numerischer Lösung Anfangs- und Randbedingungen benötigt werden [53].

Anfangsbedingungen

Die zu berechnenden Strömungsgrößen werden zu Beginn der Simulation ($t{=}0$) mit dem Wert der Anfangsbedingung initialisiert. Dieser sollte im Zusammenhang mit dem Strömungsproblem stehen.

$$\boldsymbol{v}(\boldsymbol{x}, t = 0) \qquad p(\boldsymbol{x}, t = 0) \tag{3.10}$$

Randbedingungen

Über Randbedingungen werden die Strömungsgrößen an den Grenzen des Rechengebiets definiert. Dabei gibt die *Dirichlet'sche Randbedingung* feste Werte vor (1. Ordnung). Die *Neumann'sche Randbedingung* verwendet Gradienten der Strömungsgrößen (2. Ordnung).

Dem numerischen Herzmodell werden zur Strömungssimulation zwei Dirichlet'sche Randbedingungen vorgegeben. Zum einen soll an der Herzwand Haftreibung bestehen, das heißt die Geschwindigkeit des Blutes ist gleich der Geschwindigkeit der Wand:

$$\boldsymbol{v}_{Blut} = \boldsymbol{v}_{Wand} \tag{3.11}$$

Zum anderen gelten die aus dem Kreislaufmodell vorgegebenen Drücke an den Lungenvenen und der aszendierenden Aorta (siehe 5.5).

3.3 Modellierung des Blutes

Wie bereits in Kapitel 2.4 beschrieben, ist Blut eine *Suspension*, deren Schubspannung τ mit wachsender Scherspannung $\dot{\gamma}$ immer weniger stark zunimmt, während die Viskosität μ sinkt (*pseudoplastisch*) und diese auch bei konstanter Scherung mit der Zeit abnimmt (*thixotrop*). In Abbildung 3.2 sind die Bluteigenschaften von μ, τ und $\dot{\gamma}$ sowie anderer nicht-newtonischer Flüssigkeiten dem newtonschen Fluid gegenüber gestellt. Letzteres besitzt einen linearen Zusammenhang zwischen τ und $\dot{\gamma}$ mit einer konstanten Viskosität μ.

$$\tau = \mu \cdot \frac{du}{dx} = \mu \cdot \dot{\gamma} \tag{3.12}$$

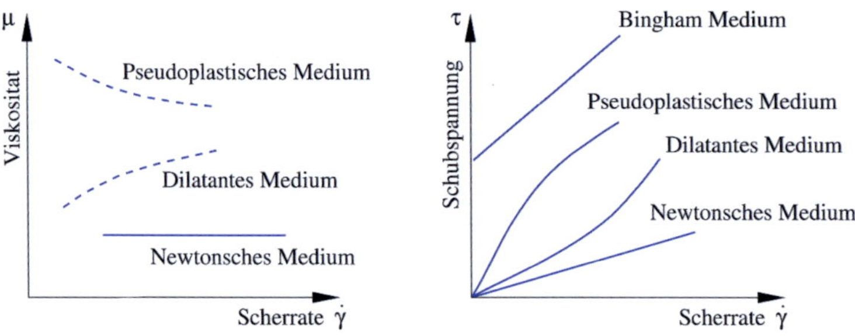

Abbildung 3.2: Viskosität μ und Schubspannung τ für unterschiedliche Medien als Funktion der Scherrate $\dot{\gamma}$ [28]

Zur Simulation der Strömung im Herzen müssen die nicht-newtonschen Eigenschaften des Blutes berücksichtigen werden. Obwohl der zur Herleitung der Navier-Stokes-Gleichungen (Gl. 3.6-3.8) verwendete Stokes'sche Reibungsansatz nur für newtonsche Fluide definiert ist, drücken die in der Literatur vorhandenen Modelle [10, 32, 63, 88, 89, 29] die Viskosität $\mu_{eff}(\dot{\gamma})$ in Abhängigkeit der Scherrate $\dot{\gamma}$ aus, erzielen aber nach Anpassung der beinhalteten Parameter eine sehr gute Übereinstimmung mit den rheologischen Messungen. In allen Modellen wird die Scherrate aus der zweiten Invariante des Scherratentensors $S = \frac{1}{2} \cdot (\nabla v + (\nabla v)^T)$ bestimmt, somit gilt für den Schubspannungstensor τ

$$\tau = 2 \cdot \mu_{eff}(\dot{\gamma}) \cdot S \tag{3.13}$$

mit

- $\dot{\gamma} = \frac{1}{2} \cdot ((tr S)^2 + tr S^2)$

Je nach verwendeter Simulationssoftware (siehe 5) kommt das 1965 von Cross entwickelte und von Perktold *modifizierte Cross-Modell* (Gl. 3.14) [89] oder das *Carreau-Modell* (Gl. 3.15) [63] zum Einsatz. Die Parameter zur Anpassung des Viskositätsmodells wurden experimentell in einer mit 2 Hz pulsierenden Blutströmung (Hämatokritwert: 46%) bestimmt [59].

$$\mu_{eff} = \mu_\infty + (\mu_0 - \mu_\infty) \cdot \frac{1}{(1 + (t_0 \cdot \dot{\gamma})^b)^a} \tag{3.14}$$

$$\mu_{eff} = \mu_\infty + (\mu_0 - \mu_\infty) \cdot (1 + (t_0 \cdot \dot{\gamma})^2)^{\frac{N-1}{2}} \tag{3.15}$$

mit
- μ_∞ =   Grenzviskosität für hohe Scherraten: $0,003\ Pa \cdot s$
- μ_0 =   Grenzviskosität für kleine Scherraten: $0,01315\ Pa \cdot s$
- Cross   : $t_0=0,5\ s$; $a=0,3$, $b=1,7$
- Carreau : $t_0=0,4\ s$; $N=0,4$

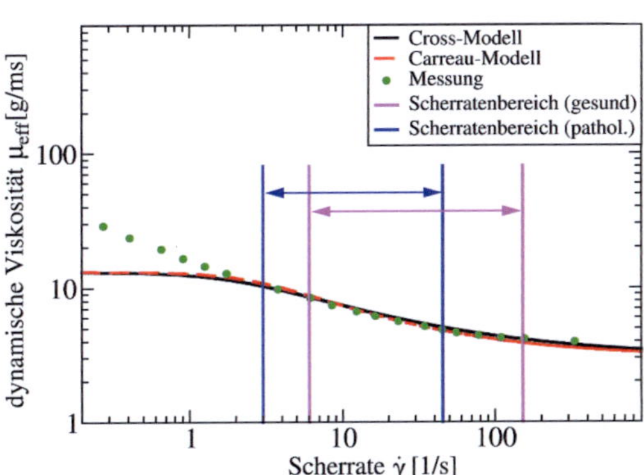

Abbildung 3.3: Vergleich der Viskositätsmodelle Cross und Carreau

In Abbildung 3.3 sind die gemessenen Werte nach [59] sowie die Verläufe des modifizierten Cross- und des Carreau-Modells mit angepassten Parametern dargestellt. Zusätzlich sind die Grenzviskositäten für die minimal und maximal auftretenden Scherraten im gesunden und erkrankten Herzen eingetragen. Deren Unterschied lässt sich auf den durch die geringe Reynoldszahl ausgedrückten Sachverhalt im pathologischen Fall zurückführen.

Die Abbildung zeigt deutlich, dass beide gewählten Modelle im interessierenden Scherratenbereich für gesunde und erkrankte Herzen übereinanderliegen, mit den experimentell ermittelten Daten übereinstimmen und somit für die Herzsimulation geeignet sind [114].

3.4 Strömungsmechanische Kennzahlen

Zur Charakterisierung der instationären, inkompressiblen und reibungsbehafteten Strömung im Herzen werden die Reynoldszahl und die Womersleyzahl herangezogen.

Reynoldszahl

Die nach dem irischen Physiker Osborne Reynolds (1842-1919) benannte dimensionslose Kennzahl beschreibt das Verhältnis von Trägheitskräften zu Reibungkräften in der Strömung:

$$Re = \frac{\text{Trägheitskräfte}}{\text{Reibungskräfte}} = \frac{\rho \cdot v_{char} \cdot L_{char}}{\mu} \tag{3.16}$$

mit
- ρ =   Dichte $[\frac{kg}{m^3}]$
- v_{char} =   Charakteristische Geschwindigkeit $[\frac{m}{s}]$
- L_{char} =   Charakteristische Länge $[m]$
- μ =   Dynamische Viskosität $[\frac{kg\,m}{s^2}]$

Um die globale Strömung im Herzen zu erfassen, wird die Kennzahl aus gemittelten Größen bestimmt.

Die mittlere charakteristische Geschwindigkeit ergibt sich aus dem Schlagvolumen V_S, der Zykluszeit T_0 sowie der mittleren durchströmten Herzklappenfläche $\bar{A}$:

$$\bar{v} = \frac{V_S}{T_0 \cdot \bar{A}} \tag{3.17}$$

mit
- $\bar{A}$ = $(A_{mi} + A_{ao})/2$
- A_{mi} =   Mitralklappenfläche
- A_{ao} =   Aortenklappenfläche

Als charakteristische Länge wird der mittlere Durchmesser aus dem Schlagvolumen des Ventrikels gewählt:

$$\bar{D} = \sqrt[3]{V_S} \tag{3.18}$$

Mit dem hinterlegten Blutmodell (siehe 3.3) berechnet sich während der Simulation zu jedem Zeitschritt i die Viskosität in jeder Zelle j. Aus den einzelnen Werten ergibt sich nach der Formel

$$\bar{\mu}_{eff} = \frac{1}{T_0} \sum_i \left(\frac{1}{V_{ges}} \sum_j \mu_{eff,j} \cdot V_j \right) \cdot \Delta t_i \tag{3.19}$$

eine über das Volumen und die Zykluszeit gemittelte effektive Viskosität.

Mit diesen problemspezifischen charakteristischen Größen lautet die Reynoldszahl für die mittlere Herzströmung:

$$\overline{Re} = \frac{\rho \cdot \bar{v} \cdot \bar{D}}{\bar{\mu}_{eff}} \tag{3.20}$$

Womersleyzahl

Instationäre Strömungsvorgänge lassen sich mit der Womersleyzahl (John R. Womersley, 1907-1958) charakterisieren. Sie stellt ein Verhältnis zwischen instationären Beschleunigungskräften und Reibungskräften dar:

$$Wo^2 = \frac{\text{instat. Beschleunigungskräfte}}{\text{Reibungskräfte}} = \frac{\rho \cdot \omega \cdot L_{char}^2}{\mu} \tag{3.21}$$

mit
- ρ =   Dichte $[\frac{kg}{m^3}]$
- ω =   Kreisfrequenz $[\frac{1}{s}]$
- L_{char} =   Charakteristische Länge $[m]$
- μ =   Dynamisch Viskosität $[\frac{kg\,m}{s^2}]$

Mit den bereits beschriebenen charakteristischen Größen bildet sich die Womersleyzahl wie folgt:

$$\overline{Wo^2} = \frac{\rho \cdot \omega \cdot \bar{D}^2}{\bar{\mu}_{eff}} \tag{3.22}$$

mit
- $\omega = 2\,\pi/t_b$ =   Kreisfrequenz $[\frac{1}{s}]$
- t_b =   Verweilzeit $[s]$

Die mit der Dimensionsanalyse entwickelten Kennzahlen zur Charakterisierung der Herzströmung werden in Kapitel 8.2 behandelt.

3.5   Dimensionslose Form der Grundgleichungen

Mit den hergeleiteten strömungsmechanischen Kenngrößen lassen sich die in Abschnitt 3.1 beschriebenen Erhaltungsgleichungen in dimensionsloser Form darstellen:

$$\nabla \cdot \boldsymbol{v}^* = 0 \tag{3.23}$$

$$\frac{Wo^2}{Re}\frac{\partial \boldsymbol{v}^*}{\partial t^*} + (\boldsymbol{v}^* \cdot \nabla)\boldsymbol{v}^* = \boldsymbol{f} - \nabla p^* + \frac{1}{Re} \cdot \Delta \boldsymbol{v}^* \tag{3.24}$$

mit

$$\boldsymbol{v}^* = \frac{\boldsymbol{v}}{v_{char}} \qquad \boldsymbol{x}^* = \frac{\boldsymbol{x}}{L_{char}} \qquad t^* = t \cdot \omega \qquad p^* = \frac{p}{\rho \cdot v_{char}^2}$$

3.6 Dimensionsanalyse

Die Dimensionsanalyse ist eine etablierte Methode zur Entwicklung von Kennzahlen, die strömungsmechanische Zusammenhänge beschreiben. Ziel ist es, einen nicht explizit bekannten Zusammenhang zwischen dimensionsbehafteten physikalischen Größen auf einen Zusammenhang dimensionsloser Größen von geringer Anzahl zu reduzieren. Im Folgenden wird die allgemeine Herangehensweise erläutert, die konkrete Durchführung der Dimensionsanalyse am Herzen erfolgt in Kapitel 8.2.2.

Physikalische Größen sind durch einen reellen Zahlenwert (*Maßzahl*) und eine Einheit gekennzeichnet. Da die Maßzahl von der gewählten *Größenart* (z.B. Gewicht in g oder kg) abhängt, müssen für eine erfolgreiche Analyse alle physikalischen Größen auf den gleichen Einheiten des gewählten *Basisgrößensystems* $\{X_1 \cdot X_2... \cdot X_n\}$ basieren (Dimensionshomogenität). Letzteres setzt sich je nach Anwendungsfall aus entsprechenden Basisgrößen (hier: Masse (kg), Länge (m) und Zeit (s) $\rightarrow$ M,L,T-System) zusammen, mit denen sich jede abgeleitete physikalische Größe ausdrücken lässt (z.B. Geschwindigkeit $[v]=[m/s]$).

Unter der Bedingung der Dimensionshomogenität formuliert Bridgeman ein Postulat, welches besagt, dass das Verhältnis der Maßzahlen zweier Größen derselben Größenart invariant gegenüber der Grundeinheit ist. Daraus folgt, dass sich die Maßzahl der abgeleiteten Größe x als Produkt von Potenzen der Zahlenwerte der Basisgrößen $x_1 \cdot x_2... \cdot x_n$ darstellen lässt [36, 85, 116].

$$x = x_1^{\alpha_1} \cdot x_2^{\alpha_2}.... \cdot x_n^{\alpha_n}$$

Für die Einheit der physikalischen Größe gilt folglich die *Dimensionsformel*:

$$[x] = X_1^{\alpha_1} \cdot X_2^{\alpha_2}.... \cdot X_n^{\alpha_n} \tag{3.25}$$

mit
- $[x]$ = Einheit der abgeleiteten physikalischen Größe
- X_i = Einheiten der Basigrößen i

Die das Problem charakterisierenden dimensionsbehafteten Einflussgrößen $Q_1, Q_2, ..., Q_n$ sind sorgfältig zu wählen und abzuschätzen, da deren Wahl das Ergebnis der Dimensionsanalyse maßgeblich beeinflusst. Unter der Annahme, dass ein funktionaler Zusammenhang zwischen diesen physikalischen Größen besteht, gilt

$$Q_1 = f(Q_2, ..., Q_n) \qquad \text{explizit}$$

$$F(Q_1, Q_2, ..., Q_n) = 0 \qquad \text{implizit} \tag{3.26}$$

Die Gleichung 3.26 lässt sich mit Hilfe des Bridgeman-Postulats auf einen Zusammenhang zwischen n-r dimensionslosen Veränderlichen Π_i reduzieren, die eine vollständige Lösung des Problems beschreiben. Exakte Herleitungen des so genannten Π-Theorems sind in [36, 85, 116] zu finden.

$$F(\Pi_1, \Pi_2, ..., \Pi_{n-r}) = 0 \tag{3.27}$$

mit
- Π = Dimensionslose Veränderliche
- n = Anzahl der physikalischen Größen
- r = Anzahl der für die Beschreibung des physikalischen Systems notwendigen Basisgrößen
- m = Anzahl der Basisgrößen $\Rightarrow m = r$

Die einzelnen Dimensionen der Einflussgrößen werden nach Gleichung 3.25 gebildet:

$$[Q_1] \;=\; X_1^{\alpha_{1,1}} \cdot X_2^{\alpha_{2,1}} \cdot ... \cdot X_m^{\alpha_{m,1}}$$
$$\vdots$$
$$[Q_n] \;=\; X_1^{\alpha_{1,n}} \cdot X_2^{\alpha_{2,n}} \cdot ... \cdot X_m^{\alpha_{m,n}}$$

Zudem gilt für die dimensionslosen Größen Π_i (i=1,...,n-r) aus Gleichung 3.27 der Ausdruck

$$[\Pi_i] = X_1^0 \cdot X_2^0 \cdot ... \cdot X_m^0 = [Q_1]^{k_1} \cdot [Q_2]^{k_2} \cdot ... \cdot [Q_n]^{k_n}$$

in den die obigen Gleichungen für $[Q_1]$ bis $[Q_n]$ eingesetzt werden:

$$X_1^0 \cdot ... \cdot X_m^0 \;=\; [X_1^{\alpha_{1,1}} \cdot ... \cdot X_m^{\alpha_{m,1}}]^{k_1} \cdot ... \cdot [X_1^{\alpha_{1,n}} \cdot ... \cdot X_m^{\alpha_{m,n}}]^{k_n} \qquad (3.28)$$

Durch einen Vergleich der Exponenten der linken und rechten Seite ergibt sich ein homogenes Gleichungssystem bestehend aus m Gleichungen für die n Unbekannten $k_1, ..., k_n$ ($m < n$):

$$\alpha_{1,1} \cdot k_1 + \alpha_{1,2} \cdot k_2 + ... + \alpha_{1,n} \cdot k_n \;=\; 0$$
$$\vdots \qquad\qquad\qquad (3.29)$$
$$\alpha_{m,1} \cdot k_1 + \alpha_{m,2} \cdot k_2 + ... + \alpha_{m,n} \cdot k_n \;=\; 0,$$

das sich wiederum in eine sogenannte Dimensionstabelle schreiben lässt.

	Q_1	Q_2	$\cdots$	Q_n
X_1	$\alpha_{1,1}$	$\alpha_{1,2}$	$\cdots$	$\alpha_{1,n}$
X_2	$\alpha_{2,1}$	$\alpha_{2,2}$	$\cdots$	$\alpha_{2,n}$
$\vdots$				
X_m	$\alpha_{m,1}$	$\alpha_{m,2}$	$\cdots$	$\alpha_{m,n}$

Tabelle 3.1: Dimensionstabelle

Da es sich hier um eine Matrix der Größe $n \times m$ ($n \neq m$) handelt, lassen sich quadratische Teilmatrizen bilden, deren Determinanten ungleich Null sind und den Rang r besitzen. Dieser entspricht im Normalfall der Zeilenanzahl m. Das lineare Gleichungssystem besitzt somit $n - r$ unabhängige dimensionslose Lösungen (Π-Größen), die das physikalische System vollständig beschreiben.

3.7 Analyse der Strömungsstruktur

Die Visualisierung der Strömungsstruktur erfolgt für alle durchgeführten Simulationen mit Ensight© der Firma *Computational Engineering International*. Für eine optimale Strömungsdarstellung werden dabei projizierte und dreidimensionale Stromlinien ausgewertet sowie die Lambda2-Methode angewendet. Abschließend erfolgt die Analyse der Strömungsstruktur mit der Methode der kritischen Punkte.

3.7.1 Projizierte Stromlinien

Stromlinien zeigen zu einem bestimmten Zeitpunkt das Richtungsfeld des Geschwindigkeitsvektors v an (Abbildung 3.4).

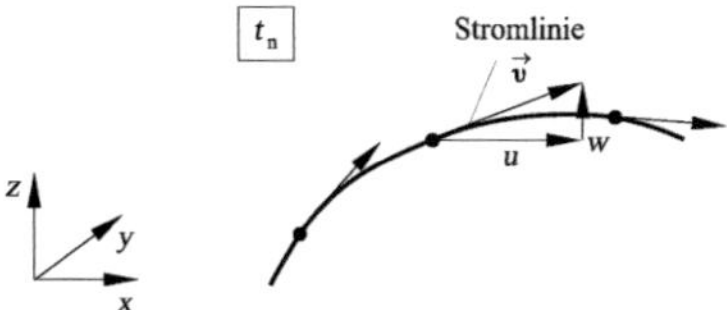

Abbildung 3.4: Stromlinie [85]

Die Bestimmungsgleichungen für die drei Strömungsrichtungen lauten:

$$\frac{dy}{dx} = \frac{u}{v}, \qquad \frac{dz}{dx} = \frac{u}{w}, \qquad \frac{dz}{dy} = \frac{v}{w} \tag{3.30}$$

Da das dreidimensionale Strömungsbild im Herzen recht komplex ist, hilft die zweidimensionale Projektion der Stromlinien auf eine angegebene Fläche insbesondere beim qualitativen Vergleich der Strömung zwischen zwei Modellen. Dies kommt insbesondere bei der Validierung in Kapitel 6 und dem Vergleich der Softwarepakete anhand der Referenzlösung B001 in Kapitel 7 zum Tragen. Als Projektionsfläche wird für den Ventrikel diejenige Ebene gewählt, die durch die Mitte der Mitralklappe, die Mitte der Aortenklappe und die Ventrikelspitze aufgespannt ist. Die Darstellung der Stromlinien im Vorhof erfolgt auf dessen Mittelebene durch die Mitralklappe.

3.7.2 Lambda2-Methode

Die Lambda2-Methode wurde in [95] erstmals am Herzen angewendet. Sie durchsucht das Strömungsgebiet nach Druckminima, die durch Rotation entstehen. Ausgangspunkt ist die Anwendung des Gradienten auf die Navier-Stokes-Gleichung (Gl.3.9), woraus sich unter Vernachlässigung der instationären rotationsfreien Spannungen sowie der viskosen Effekte, die keine Druckminima durch Rotation bilden, folgende charakteristische Gleichung ableiten lässt [40].

$$\boldsymbol{SS} + \boldsymbol{AA} = -\frac{1}{\rho}\nabla\nabla p \tag{3.31}$$

S und A sind dabei der symmetrische bzw. antisymmetrische Anteil des Gradienten des Geschwindigkeitsvektors ∇v:

$$S = \frac{1}{2}(\nabla v + (\nabla v)^T), \qquad A = \frac{1}{2}(\nabla v - (\nabla v)^T) \qquad (3.32)$$

Für die Auswertung des Strömungsfeldes müssen die Eigenwerte der Matrix $SS+AA$ die hinreichenden Bedingung für Druckminima ($\nabla p > 0$) erfüllen, was in $SS+AA < 0$ resultiert. Während für ein globales Minimum alle drei Eigenwerte negativ sein müssen, die Lambda2-Methode jedoch ebene Minima sucht, ist es ausreichend, wenn zwei Eigenwerte negativ sind. Da $\lambda 1 < \lambda 2 < \lambda 3$, ist dies gleichbedeutend mit $\lambda 2 < 0$.

3.7.3 Strukturanalyse

Bei der Strukturanalyse wird das Strömungsfeld nach kritischen Punkten sowie deren Beziehungen untereinander durchsucht. Ausgangspunkt ist ein dreidimensionales Geschwindigkeits-Vektorfeld $v(x, y, z)$ aus dem sich die Stromlinien nach Gleichung 3.30 ableiten lassen.

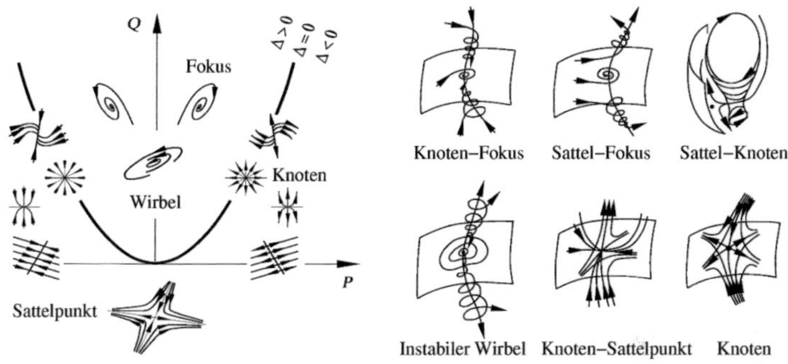

Abbildung 3.5: Strömungsstrukturen 2D (links) und 3D (rechts) [85]

Ein kritischer Punkt zeichnet sich dadurch aus, dass der Betrag der Geschwindigkeit verschwindet und den Stromlinien keine Richtung zuzuordnen ist. Durch eine Reihenentwicklung kann jedoch das Vektorfeld um den Punkt angenähert werden. Für die freie Strömung ergibt sich dadurch ein Differentialgleichungssystem 1. Ordnung.

$$v = A \cdot x \qquad (3.33)$$

mit

- A = Geschwindigkeitsgradientenfeld

Die Klassifizierung kritischer Punkte ist dadurch auf die Untersuchung singulärer Punkte gewöhnlicher Differentialgleichungen mit konstanten Koeffizienten zurückgeführt. Das zugehörige Eigenwertproblem der Matrix $det\,[A - \lambda I]$ liefert dabei die drei reelwertigen

Invarianten P, Q und R des charakteristischen Polynoms $\lambda^3 + P \cdot \lambda^2 + Q \cdot \lambda + R = 0$. Die Diskriminante im zweidimensionalen Raum ($R = 0$) lautet $\Delta = 4Q - P^2$. Diese teilt die P-Q-Ebene in Bereiche mit entsprechend unterschiedlichem Charakter der kritischen Punkte (Abb. 3.5, links).

Die Berücksichtigung der dritten Raumrichtung R erhöht die Komplexität der Charakterisierung erheblich. Auf der rechten Seite der Abbildung 3.5 ist neben einigen Beispielen die in Kapitel 2.1.2 beschriebene Kippung des Ringwirbels in die Ventrikelspitze während der späten Diastole dargestellt (oben rechts). Die Strömungsstruktur um den eingetragenen kritischen Punkt stellt eine Sattel-Knoten-Kombination dar. Ist diese durch die Ventrikelwand räumlich begrenzt, reduziert sich das Strömungsverhalten um den kritischen Punkt zu einer Halbsattel-Knoten-Kombination. Im Vorhof (Kap. 7.2.3) treffen die Foki der an den Eintrittstellen der Lungenvenen entstandenen Ringwirbel nicht auf die Herzwand, sondern stoßen aufeinander. Dadurch entstehen sowohl Sattel-Knoten-Kombinationen in Vorhofmitte sowie Halbsattel-Knoten-Kombinationen der durch die Wand begrenzten äußeren Ringwirbelseiten (Abb. 7.17).

Eine ausführliche Herleitung dieser Theorie ist in [83, 84] zu finden.

3.8 Bildgebende Verfahren

Zur Darstellung und Diagnose pathologischer Gewebeveränderungen des Herzens kommen im klinischen Alltag bildgebende Verfahren wie Magnetresonanztomographie (MRT) oder Computertomographie (CT) zum Einsatz. In dieser Arbeit dienen sie der Erhebung mehrerer patientenspezifischer Herzkonturen über einen Pumpzyklus.

3.8.1 Magnetresonanztomographie

Atomkerne, die eine ungerade Anzahl an Protonen und/oder Neutronen enthalten, besitzen einen von Null verschiedenen Gesamtdrehimpuls (*Kernspin*), mit dem zusätzlich ein magnetisches Moment μ' verbunden ist [98]. In einem feldfreien Raum sind die Richtungen dieser Spins zufällig orientiert, kompensieren sich gegenseitig und sind folglich nach außen unmagnetisch.

Werden diese Spins einem starken Magnetfeld B_0 ausgesetzt, richten sie sich in Feldrichtung aus, wobei das magnetische Moment zwei Orientierungen (Spin up, Spin down) einnehmen kann (Abb. 3.6, links). Aufgrund der schiefen Lage zur Feldrichtung wirkt auf den Dipol ein zusätzliches Drehmoment. Resultierend beginnt der Kern um die Feldachse mit der so genannten Larmor-Frequenz ω_0 zu präzedieren. Letztere ist von der Stärke des angelegten Magnetfeldes sowie vom Kerntyp abhängig [110]. Dadurch lässt sich der für das klinische MRT relevante Wasserstoffkern (Proton) H von anderen Atomkernen extrahieren.

Nach Anlegen des B_0-Feldes präzediert zwar jedes Wasserstoffproton mit der selben Frequenz, jedoch mit einer willkürlichen Phase. So ergibt sich bei makroskopischer Betrachtung für beide Spineinstellungen eine Zufallsverteilung der Vektoren auf dem Präzessionskegel (Abb. 3.6, mitte). Während sich die Komponenten der Dipolmomente senkrecht zur Feldachse (x,y-Ebene) aufgrund der statistischen Phasenverteilung gegenseitig aufheben, führt die geringfügige Spin-up-Bervorzugung zur Ausbildung einer makroskopischen Magnetisierung M_z in z-Richtung.

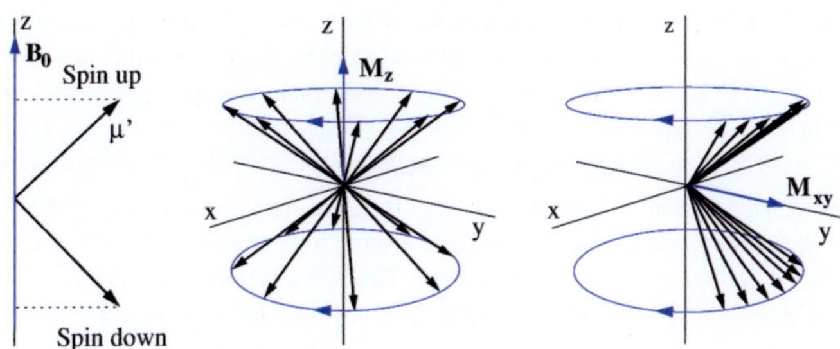

Abbildung 3.6: Orientierung des Dipolmoments (links), Präzessionskegel (mitte), Phasensynchronisation (rechts)

Durch senkrechte Überlagerung des B_0-Feldes mit einem Wechselfeld (*HF*-Feld), dessen Frequenz ω_{HF} der Lamor-Frequenz ω_0 der Teilchen entsprechen muss (Resonanzbedingung), werden die *H*-Atome aus ihrer Gleichgewichtslage gebracht. Gleichzeitig erzwingt das *HF*-Feld eine Phasensynchronisation (Abb. 3.6, rechts). Auf diese Weise entsteht eine rotierende Magnetisierungskomponente (M_{xy}) in der xy-Ebene, die in einer Messspule eine elektrische Spannung (MR-Signal) induziert.

Nach Abschalten des HF-Feldes ist das Spinsystem bestrebt, in seinen Grundzustand ($M_z=M_0, M_{xy}=0$) zurück zu kehren. Dieser Vorgang lässt sich in den Aufbau der z-Magnetisierung durch longitudinale Relaxation ($T1$) und den Zerfall der xy-Magnetisierung durch transversale Relaxation ($T2$) unterteilen. Die Relaxationszeiten und damit die Dauer des MR-Signals sind vom Gewebe abhängig. Mit geeigneter Transformation lassen sich so die unterschiedlich starken Signale in Form von Graustufenbildern darstellen.

Um die MR-Signale zur Bildgebung einsetzen zu können, wird das B_0-Feld während der Messung leicht gekippt. Da die Drehfrequenz ω_0 der Spins proportional zu Magnetfeldstärke ist, ändert sich diese mit dem Gradienten von B_0. Aufgrund der Resonanzbedingung ($\omega_0 = \omega_{HF}$) regt das *HF*-Feld somit nur eine Schicht im B_0-Feld an. Auf diese Weise kann der Körper schichtweise aufgenommen werden.

3.8.2 Computertomographie

Die Computertomographie wurde 1972 von Sir Godfrey Newbold Hounsfield und Allan Carmack erstmals zur klinischen Anwendung gebracht und ist heute in der Diagnostik ein wichtiges Instrument. Das Messprinzip basiert auf Röntgenstrahlen, die den Körper in Schichten durchdringen und dort von dem jeweiligen Gewebe konsistenzabhängig absorbiert werden (Attenuation). Die restliche Strahlung sammelt wiederum ein Detektor auf der gegenüberliegenden Seite und wandelt sie in ein elektrisches Signal um. Da die eindimensionale Projektion nur einen integralen Absorbtionswert der jeweiligen durchleuchteten Projektionsrichtung angibt, befinden sich Röhre und Detektoren in einem so genannten Gantry, das um die Körperlangachse des Patienten rotiert und so unterschiedliche Projektionsrichtungen durch die gleiche Körperschicht aufnimmt. Durch entsprechende Rekonstruktionsverfahren [14, 126] wird aus den jeweiligen Absorbtionswerten das zweidimensionale Bild der Körperschicht in Form von Graustufen erstellt. Die Dichte der durchdrungenen Gewebeart lässt sich über den Wert der detektierten Strahlung bestimmen. Dieser wird in der so genannten Hounsfield-Einheit (HU) [35] angegeben, deren willkürlicher Nullpunkt in der Dichte von Wasser festgelegt ist. Nach [79] werden die koronaren Gefäße in einem Graustufenfenster von HU=100-200 optimal dargestellt.

Die Aufnahme der Herzdaten erfolgt durch ein Mehrschicht-Spiral-CT (MSCT) mit 64 Zeilen, bei dem die Patientenliege mit konstanter Geschwindigkeit durch die rotierende Gantry-Öffnung gefahren wird, die auf diese Weise 64 Schnitte gleichzeitig erfasst. Dadurch lassen sich die Aufnahmezeit minimieren und die Datenqualität optimieren.

3.9 Particle Image Velocimetry

Zur Validierung des KaHMo wurde die Strömung in einem Silikonventrikel mittels Particle Image Velocimetry (PIV) vermessen und mit den Simulationsergebnissen des abgeleiteten Modells verglichen (siehe 6). Das berührungslose, optische Messverfahren teilt sich nach [80] in die zwei aufeinanderfolgenden Prozesse, Bildaufnahme der Tracer 3.9.1 und Analyse der Bilddaten mit Korrelationsverfahren 3.9.2.

3.9.1 Bildaufnahme

Nach Abbildung 3.7 weitet ein spezielles Linsensystem den Laserstrahl zu einem dünnen Lichtschnitt auf, welcher die Messebene flächig beleuchtet. Zeitgleich erfasst die im rechten Winkel zur Lichtschnittebene positionierte CCD-Kamera (zeitlich hochauflösende Digitalkamera) das Streulicht der im Fluid illuminierten Tracerpartikel.

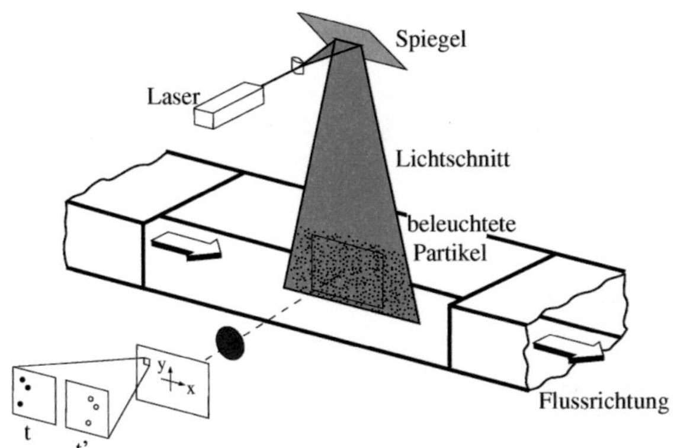

Abbildung 3.7: PIV-Messprinzip [94]

Laser und Kamera sind mit einer Synchronisiereinheit verbunden, die den zeitlichen Versatz zwischen den zwei dicht aufeinander folgenden Aufnahmen t und t' zur Messung der Partikelbewegung regelt. Dieser Versatz muss an die Strömungsgeschwindigkeit im zu untersuchenden System angepasst sein. Wird Δt zu groß gewählt, haben die Partikel zum Zeitpunkt t' den Messbereich bereits verlassen, bei kleinem Δt ist die Verschiebung zu gering, um den Geschwindigkeitsvektor exakt ermitteln zu können. Die Messung erfolgt mit grünem, sichtbaren Licht der Wellenlänge $\lambda = 532\ nm$; durch entsprechende Bandpassfilter ist eine vollständige Abdunklung der Umgebung nicht von Nöten.

Voraussetzung für eine genaue Geschwindigkeitsmessung mit PIV ist das schlupffreie Verhalten der Tracerpartikel. Um den Einfluss äußerer Kräfte und der Trägheit zu vermeiden, müssen die Tracer zum einen die gleiche Dichte wie das Fluid besitzen, zum anderen soll der Durchmesser einen vom Messsystem abhängigen Maximalwert nicht überschreiten.

3.9.2 Analyse

Zur Auswertung werden die mit der CCD-Kamera digitalisierten Graustufenbilder zu den beiden Aufnahmezeitpunkten t und t' in äquidistante Kleinfelder a und a' der Größe $(M \times N)$ zerlegt. Diese hängt von der Anzahl der Tracerpartikel, dem Partikeldurchmesser und dem Laserpulsabstand Δt ab [80]. Über die Grauwertverteilung $g(i,j)$ lässt sich dort die Position der Partikel lokalisieren.

Ausgehend von der Annahme, dass alle Partikel innerhalb des lokalen Analysefeldes denselben Verschiebungsvektor $\boldsymbol{D}$ von a nach a' besitzen, gilt folgende Beziehung:

$$v = \frac{\boldsymbol{D}}{\Delta t} \tag{3.34}$$

Die Bestimmung von $\boldsymbol{D}$ erfolgt mit Hilfe der Kreuzkorrelation (Gleichung 3.35), deren Maximalwert den Betrag der Verschiebung angibt. Die örtliche Abweichung des Maximums vom Ursprung beschreibt die Richtung der Tracerbewegung.

$$\Phi_K(m,n) = \sum_{i=0}^{M-1} \sum_{i=0}^{N-1} g_1(i,j) \cdot g_2(i+m, j+n) \tag{3.35}$$

mit
- g_1, g_2 = Grauwerte von a und a' an der jeweiligen Pixelposition i, j
- M, N = Reihen und Spalten der $M \times N$ Matrix der Analysefelder

Da die Berechnung sehr aufwändig ist, werden die Grauwerte (g_1, g_2) zunächst mit der Fouriertransformation (FT) in den Frequenzbereich $(\hat{G}_1, \hat{G}_2)$ überführt (Abb. 3.8). Nach Multiplikation der Datenmatrix des ersten Bildes mit der konjugiert komplexen des zweiten Bildes und Rücktransformation in den Zeitbereich (FT^{-1}) erhält man das gesuchte Korrelationsmaximum innerhalb des Analysefeldes.

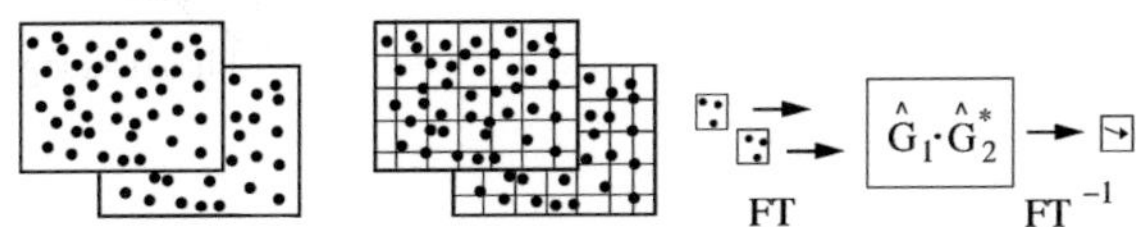

Abbildung 3.8: Kreuzkorrelation [80]

Nach Anwendung der Kreuzkorrelation in jedem Analysefeld ergibt sich ein zweidimensionales Geschwindigkeitsvektorfeld $\boldsymbol{v}(x,y)$ zu einem Zeitpunkt t, dessen Auflösung der Anzahl der Analysefelder in x- und y-Richtung entspricht.

4 Numerische Grundlagen

Die in Kapitel 3.1 hergeleiteten Erhaltungsgleichungen sind partielle Differentialgleichungen 2. Ordnung, deren analytische Lösung für komplexe Strömungen wie im Herzen nicht möglich ist.

Daher werden in der numerischen Strömungsmechanik (CFD= Computational Fluid Dynamics) die kontinuierlichen Funktionsverläufe der einzelnen Strömungsgrößen in ein System algebraischer Gleichungen überführt, die eine approximierte Lösung an räumlich und zeitlich diskreten Stellen im Rechengebiet liefern. Das allgemeine Vorgehen wird im folgenden Kapitel schrittweise erläutert.

4.1   Diskretisierung

Die zur numerischen Simulationen eingesetzten kommerziellen Softwarepakte StarCD$^{©}$ [3, 4] und Fluent$^{©}$ [1] basieren auf der *Finiten Volumen Methode* (FVM), welche die Integralform der Erhaltungsgleichungen (Gl. 4.1) verwendet. Das gesamte Rechengebiet wird dazu in eine endliche Anzahl diskreter Kontrollvolumina (Zellen) unterteilt und in deren Schwerpunkt die Variablenwerte berechnet.

$$\frac{\partial}{\partial t} \int_V (\rho\phi)dV + \int_V div(\rho\boldsymbol{v}_{rel}\phi - \Gamma_\phi grad\phi)dV = \int_V s_\phi dV \tag{4.1}$$

mit
- $\boldsymbol{v}_{rel}$ = Geschwindigkeitsvekor relativ zur Netzbewegung (ALE-Formulierung)
- ϕ = Eine der abhängigen Variablen $u, v, w, e, ...$
- Γ_ϕ = Diffusionskoeffizient der Ausgangsgleichung
- s_ϕ = Quellterm der Ausgangsgleichung

Mit Hilfe des Gauß'schen Integralsatzes, der einen Zusammenhang zwischen der Divergenz eines Vektorfeldes und dem durch das Feld vorgegebenen Fluss durch eine geschlossene Oberfläche herstellt [53],

$$\int_V div\boldsymbol{F}dV = \int_S \boldsymbol{F} \cdot \boldsymbol{n}dS \tag{4.2}$$

vereinfacht sich das mittlere Integral der Gleichung 4.1 auf ein Oberflächenintegral, wodurch sich die Ordnung der Differentialquotienten um 1 reduziert.

$$\frac{\partial}{\partial t} \int_V (\rho\phi)dV + \int_S (\rho\boldsymbol{v}_{rel}\phi - \Gamma_\phi grad\phi)d\boldsymbol{S} = \int_V s_\phi dV \tag{4.3}$$

mit

- $\boldsymbol{S}$ = Oberflächenvektor

Die daraus resultierende Gleichung 4.4 gilt für jede Zelle V_P des Rechengebiets mit den Oberflächen $S_j, j = 1...n$ wie auch für das gesamte Lösungsgebiet, da sich die Oberflächenintegrale über die inneren Oberflächenseiten aufheben. Dadurch ist die physikalisch geforderte globale Konservativität (Erhaltung von Masse, Impuls und Energie) gewährleistet [27].

$$\underbrace{\frac{\partial}{\partial t} \int_{V_P} (\rho\phi)dV}_{T_1} + \underbrace{\sum_j \int_{S_j} (\rho\boldsymbol{v}\phi - \Gamma_\phi grad\phi)d\boldsymbol{S}}_{T_2} = \underbrace{\int_{V_j} s_\phi dV}_{T_3} \tag{4.4}$$

Im Folgenden werden die Terme T_1, T_2 und T_3 einzeln approximiert, wobei zwischen zeitlicher (T_1) und räumlicher (T_2, T_3) Diskretisierung zu unterscheiden ist.

4.1.1 Zeitdiskretisierung

Mit der Zeitdiskretisierung des Terms T_1 werden die Strömungsvariablen zu diskreten Zeitpunkten t^n einer instationären Simulation ermittelt:

$$t^n = n \cdot \Delta t \tag{4.5}$$

mit
- n = Zeitschritt
- Δt = Zeitschrittweite

Ziel ist es, bei bekanntem Funktionswert u^n zum Zeitpunkt t^n den folgenden Wert u^{n+1} zu Zeitpunkt t^{n+1} mit Hilfe geeigneter Verfahren zu berechnen.

Das **implizite Eulerverfahren** (Euler-Rückwärts-Verfahren) ersetzt dafür den Differentialquotienten der Zeit durch einen Differenzenquotienten.

$$\frac{\partial u}{\partial t} \approx \frac{u^{n+1} - u^n}{\Delta t} = f^{n+1} \tag{4.6}$$

Im Gegensatz zum expliziten Verfahren [53] ist dieses weit aufwändiger zu programmieren und muss zudem iterativ gelöst werden. Aufgrund seiner guten Stabilitätseigenschaften kommt es dennoch bei der Diskretisierung von T_1 zum Tragen.

$$T_1 \simeq \frac{(\rho\phi V)_P^{n+1} - (\rho\phi V)_P^n}{\Delta t} \tag{4.7}$$

4.1.2 Raumdiskretisierung

Nach Gleichung 4.4 erfolgt die Berechnung der Strömungsgrößen im Volumenelement über die ein- und austretenden Flüsse durch dessen Oberflächen (Gl. 4.2). Daher müssen zunächst die Werte der Strömungsgrößen im Zellmittelpunkt mittels geeigneter Verfahren auf die Oberflächen interpoliert werden.

Für die räumliche Diskretisierung lässt sich Term T_2 in einen konvektiven (K_j) und einen diffusiven (D_j) Anteil aufspalten:

$$T_2 \simeq \sum_j \left(\rho v_{rel}\phi \cdot S\right)_j - \sum_j \left(\Gamma_\phi \, grad\,\phi \cdot S\right)_j \equiv \sum_j K_j - \sum_j D_j \qquad (4.8)$$

Der diffusive Anteil wird mit dem Zentrale-Differenzenverfahren zweiter Ordnung (Fluent) [1] bzw. einem flächen-zentrierten Verfahren (StarCD) [3] approximiert. Für die Diskretisierung des konvektiven Anteils stehen mehrere Verfahren 1. bis 3. Ordnung zu Verfügung, die zur Verwendung kommenden (*Second-Order Upwind* in Fluent und *MARS* in StarCD) werden im Folgenden beschrieben.

Second-Order Upwind Verfahren

Beim Upwind-Verfahren wird den konvektiven Transporteigenschaften Rechnung getragen indem die Interpolation stromab des Strömungsfeldes, also in Abhängigkeit des Geschwindigkeitsvektors, durchgeführt wird.

Da die jeweilige Strömungsgröße in der Zelle ein über das Volumen gemittelter Wert ist, wird dieser im Verfahren 1. Ordnung der stromab liegenden Oberfläche zugewiesen.

Beim Verfahren zweiter Ordnung erhöht sich die Genauigkeit der Oberflächenwerte durch eine Taylor-Reihenentwicklung der Strömungsgrößen um den Schwerpunkt der Zelle.

$$\phi_S = \phi_V + grad\,\phi_V \cdot r \qquad (4.9)$$

mit
- ϕ_S =   Strömunggröße an der Zelloberfläche
- ϕ_V =   Strömungsgröße im Zellmittelpunkt stromauf
- $grad\,\phi_V$ =   Gradient der Strömungsgggröße im Zellmittelpunkt stromauf
- r =   Verschiebungsvektor vom stromauf liegenden Zellmittelpunkt zum Oberflächenmittelpunkt

Diese Formulierung erfordert die Berechnung der jeweiligen Strömungsgradienten in jeder Zelle. Das dazu verwendete Green-Gauss-Verfahren ist in [1] beschrieben.

MARS-Verfahren

Das **M**onotone **A**dvection and **R**econstruction **S**cheme ist ein Diskretisierungsverfahren zweiter Ordnung, das auch bei verzerrten Netzen zu genauen Ergebnissen führt. Da es sich dabei um ein von [3] entwickeltes Verfahren handelt, beschränkt sich die Dokumentation zusammenfassend auf zwei Schritte:

- **Rekonstruktion**

  Mit Hilfe des TVD-Verfahrens (Total Variation Diminishing) wird ein Feld monotoner Gradienten berechnet, das gemeinsam mit den Zellwerten eine räumliche Diskretisierung 2. Ordnung gewährleistet. Das TVD-Verfahren dämpft dabei die numerische Oszillation.

- **Advektion**

  Aus den rekonstruierten Flüssen werden mittels eines Advektionsverfahrens alle konvektiven Terme an den Zelloberfläche approximiert. Die diffusiven Terme werden vernachlässigt.

Abschließend erfolgt die Betrachtung des dritten Terms T_3, der generell Quellen und Senken der transportierten Größen sowie zusätzliche Flüsse beinhaltet. Die Art der Berechnung ist von den einzelnen Komponenten abhängig. Flüsse und grandientbeinhaltende Terme werden ähnlich wie K_j und D_j approximiert. Größen, die keine Gradienten beinhalten, werden über die zellzentrieten Werte ermittelt. Das Ergebnis dieses Prozesses lässt sich in quasi-linearer Form darstellen:

$$T_3 \approx s_1 - s_2 \phi_P \tag{4.10}$$

4.1.3 CFL-Kriterium

Die Diskretisierung stellt eine Näherung der realen Lösung dar, deren Abweichung durch den Approximationsfehler ausgedrückt ist. Dieser ist unter anderem von der Zellgröße Δx und der Zeitschrittweite Δt abhängig. Die Wahl dieser Größen beeinflusst maßgeblich die Genauigkeit und Stabilität der numerischen Lösung.

Der Zusammenhang von Δt und Δx wird durch die **Courant-Friedrichs-Lewi-Zahl** beschrieben,

$$CFL = \frac{|\boldsymbol{v}| \cdot \Delta t}{\Delta x} \tag{4.11}$$

welche die physikalische Ausbreitungsgeschwindigkeit $\boldsymbol{v}$ ins Verhältnis zur Geschwindigkeit des numerischen Informationstransports $(\Delta x / \Delta t)$ setzt.

Für ein stabiles und hinreichend genaues Simulationsergebnis muss die Strömung von den diskreten Stellen numerisch erfasst werden:

$$|\boldsymbol{v}| < \frac{\Delta x}{\Delta t} \tag{4.12}$$

Daraus leitet sich das Kriterium $CFL < 1$ ab, welches beim Aufsetzen einer numerischen Simulation zu berücksichtigen ist.

4.2 Randbedingungen

In Kapitel 3.2 wurde bereits die Bedeutung der Randbedingungen zur Lösung der hier numerischen betrachteten Grundgleichungen erläutert. Die kommerziellen Solver stellen davon eine Vielzahl zur Simulation unterschiedlicher Phänomene zur Verfügung [3, 4, 1], auf diejenigen zur Modellierung der Herzströmung wird kurz eingegangen.

Druckrandbedingung
Vorgabe der aus dem Kreislaufmodell (siehe 5.5) ermittelten zeitlichen Druckverläufe an den Ein- und Ausgängen des Rechengebiets relativ zu einem Referenzdruck.

Haftbedingung
Die Haftbedingung gilt an allen Wänden des Simulationsgebietes. Sie gibt vor, dass das Blut die Geschwindigkeit der Wand besitzt:

$$\boldsymbol{v}_{Blut} = \boldsymbol{v}_{Wand} \tag{4.13}$$

Druckwiderstand

Nach Kapitel 5 sind die Herzklappen im aktuellen KaHMo als zweidimensionale Projektion der effektiven Öffnungsfläche implementiert. Mit den für den Klappenprozess verwendeten Baffle- (StarCD) bzw. Porous Jump- Randbedingungen (Fluent) lassen sich über die Parametereinstellungen der Formeln

$$\Delta p = -\rho(\alpha|v_n| + \beta)v_n \qquad \text{(StarCD)} \qquad (4.14)$$

$$\Delta p = -(\frac{\mu}{\alpha}v_n + \frac{1}{2}C_2\rho v_n^2)\Delta m \qquad \text{(Fluent)} \qquad (4.15)$$

unterschiedliche Druckabfälle in der Strömung erzeugen und so die Öffnungs- und Schließungsvorgänge abbilden. Im geschlossenen Zustand werden die Klappen in der Fluent-Simulation auf *wall* und somit undurchlässig gesetzt [109].

4.3   Lösungsalgorithmus

Zur Berechnung der relevanten Größen (v, p) für die inkompressible, laminare und isotherme Blutströmung im Herzen werden die Erhaltungsgleichungen für Masse und Impuls verwendet.

Bei einem kompressiblen Medium lässt sich dabei die Dichte aus der Massenerhaltung (Gl. 3.1) und so der Druck mit einer Zustandsgleichung (z.B. $p=\rho\cdot R\cdot T$) berechnen. Dieses Vorgehen ist bei einer inkompressiblen Strömung ($\rho = konst.$) nicht möglich. Folglich existiert weder eine unabhängige Gleichung für den Druck, noch sind die Erhaltungsgleichungen für Masse und Impuls direkt miteinander gekoppelt. Zur Ermittlung der Druckgradienten in der Impulserhaltung und der Erfüllung der Kontinuität in der Strömung ist somit eine Druckkorrekturgleichung notwendig [3, 4, 1, 27].

In dieser Arbeit werden zur Lösung dieses Problems der SIMPLE-Algorithmus (*Semi-Implicid Method for Pressure-Linked Equations*) sowie der PISO-Algorithms (*Pressure-Implicid with Splitting of Operators*) verwendet. Beiden Methoden betrachten die einzelnen Gleichungen für die zu ermitelnden Strömungsgrößen getrennt voneinander (Segregated Solver) und lösen wie folgt [27]:

1. Berechnung der Impulsgleichungen zum Zeitschritt t_{n+1} mit geschätztem Druckwert p^* $\Rightarrow$ Geschwindigkeitsfeld v^*

2. Durchführung einer Druckkorrektur p', wenn v^* die Kontinuitätsgleichung nicht erfüllt.

3. Erneute Berechnung der Impulsgleichungen mit korrigierten Werten v^m, p^m.

4. Wiederholung der Schritte 2. und 3. mit v^m und p^m als verbesserte Schätzung bis alle Korrekturen vernachlässigbar klein sind $\Rightarrow$ v^{n+1} und p^{n+1}.

5. Übergang zum nächsten Zeitschritt.

Der Unterschied zwischen dem SIMPLE- (Fluent) und dem PISO-Algorithmus (StarCD) besteht darin, dass letzterer eine zweite Druckkorrektur in Schritt 3 vornimmt, bevor die Impulsgleichungen neu berechnet werden.

5 Numerische Modelle

Den in dieser Arbeit untersuchten patientenspezifischen Herzen liegen DICOM-Daten zugrunde, die mit einem 1,5 Tesla MRT bzw. einem 64-zeiligen MSCT nach Lastenheft [97] aufgenommen wurden:

- B001: gesunder Proband
- B002: Sportlerherz
- B003 prae/post: krankes Herz vor und nach der Operation

Ausgehend von diesen Rohdaten werden am Referenzdatensatz B001 die einzelnen Bearbeitungsschritte von der Segmentierung bis hin zum numerischen Modell nach Abbildung 5.1 erläutert, sowie die neu entwickelten Methoden zu Segmentierung, Datenaufbereitung und Vernetzung vorgestellt.

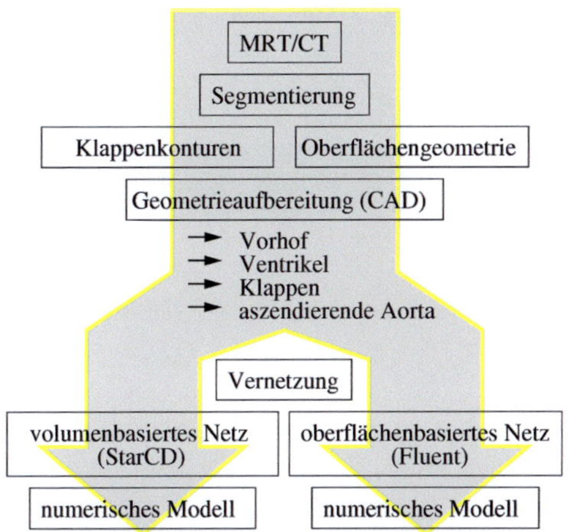

Abbildung 5.1: Ablaufschema der Aufbereitungs- und Vernetzungsschritte

Neben der Modellerweiterung des volumenbasierten KaHMo^{MRT} steht in dieser Arbeit die Umstellung auf eine oberflächenbasierte Bewegungsvorgabe im Vordergrund, die zudem einen Wechsel der kommerziellen Softwarepakete von StarCD$^{©}$ auf Fluent$^{©}$ mit sich zieht. Dies wurde notwendig, um die Ziele des KaHMo hinsichtlich einer zukünftigen Integration in den Tomographen sowie der detaillierten Modellierung der Kammergeometrien (z.B. Vorhof mit vier Zuläufen) zu erreichen. Des Weiteren öffnet die Umstellung Schnittstellen zum KaHMo^{FSI} [50] und ermöglicht die Implementierung von Herzunterstützungssystemen [109].

5.1 Datensegmentierung

Die Detailgenauigkeit der Segmentierung ist in den letzten Jahren stetig gestiegen und somit die Möglichkeit einer realeren Simulation der Strömungsstruktur im menschlichen Herzen.

Mit dem semi-automatischen Live-Wire Verfahren des Fraunhoferinstituts [107] war es bislang nur möglich, die Konturen der MRT-Daten in ihren Kurz- und Langachsen zu extrahieren, wodurch komplexere Geometrien wie die Oberfläche des bewegten Vorhofs schwer abzuleiten waren (Abb. 5.2, links). Dem Gegenüber bietet das ursprünglich für CT-Daten entwickelte Segmentierungsprogramm der Philips Research Laboratories die dreidimensionale Darstellung des gesamten Herzens samt angrenzender Gefäße [123, 24, 25].

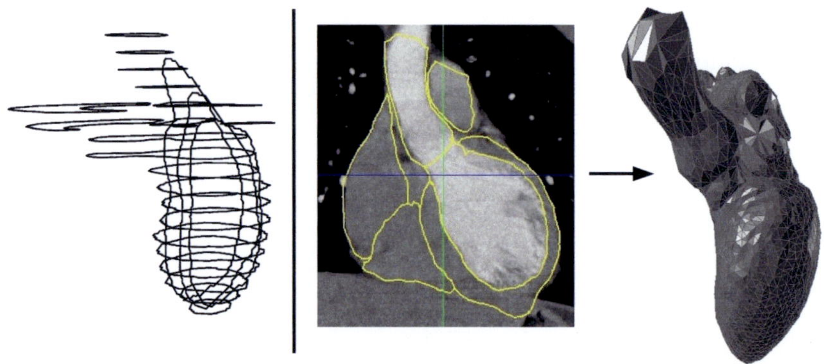

Abbildung 5.2: Fraunhofer-Segmentierung (links), Philips-Segmentierung (rechts)

Bei dieser Methode wird ein *Mittleres Modell*, welches auf zahlreichen gesunden Herzdatensätzen basiert, auf die patientenspezifischen Herzkonturen im Datensatz angepasst. Über ein bestimmtes Trackingverfahren suchen die bereits triangularisierten Oberflächen die Innenkonturen der beiden Herzkammern sowie der angrenzenden Gefäße. Insbesondere in der Diastole zeigt die Segmentierung eine hervorragende Übereinstimmung mit dem realen Fluidraum (Abb. 5.2, rechts).

In der Systole ist es jedoch weiterhin schwierig, die Außenkontur des Fluidraums exakt zu bestimmen. Dies ist zum einen auf die Trabekularisierung (Innenstruktur) im Ventrikel und zum anderen auf Artefakte in den CT-Daten zurückzuführen. Um dennoch eine hinreichend genaue Segmentierung zu erhalten, wurde von Philips ein zusätzliches Programm zur Verfügung gestellt, mit dem sich der dreidimensionale Fluidraum manuell einfärben und daraus die Geometrie ableiten lässt (Abb.5.3). Dieser recht zeitintensiven Methode steht eine hoch detaillierte Oberflächengeometrie gegenüber. Die extrahierten Geometrien wurden abschließend von den kooperierenden Ärzten mit Längenmessungen in den DICOM-Daten abgeglichen und verifiziert.

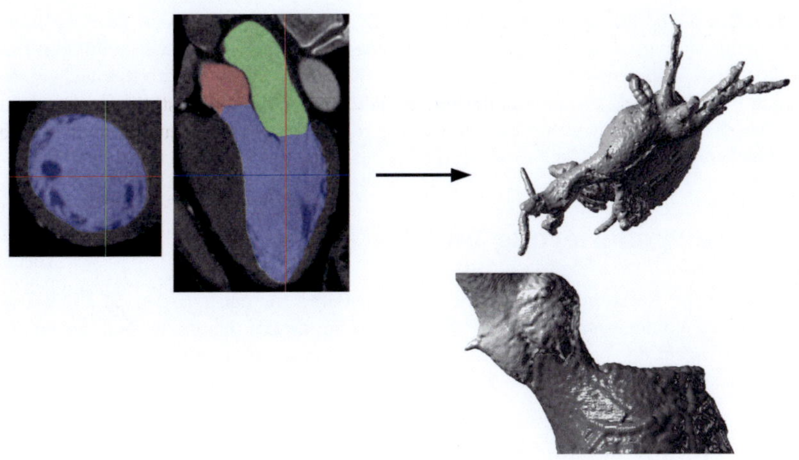

Abbildung 5.3: Manuelle Segmentierung (links), segmentierte Oberfläche (rechts)

5.2 Datenaufbereitung

Die geometrische Aufbereitung der die Bewegung eines Herzzyklus beschreibenden 20 Phasen erfolgt mit der CAD-Software Rhinoceros©, deren Stärke in der Freiformmodellierung von Oberflächen liegt.

Für das StarCD-Modell werden die Oberflächen des Ventrikelsacks und der aszendierenden Aorta von den segmentierten Daten abgeleitet und als Stereolithographie-Datei in den Vernetzer ProStar© exportiert. Die Geometrieinformation der Herzklappenflächen liegt dabei in Form von Punktewolken (Abb 5.5. links) vor. Der Vorhof wird bei diesem Modell mit zwei Zuläufen modelliert und als STEP-Datei in den Vernetzer IcemCFD© exportiert.

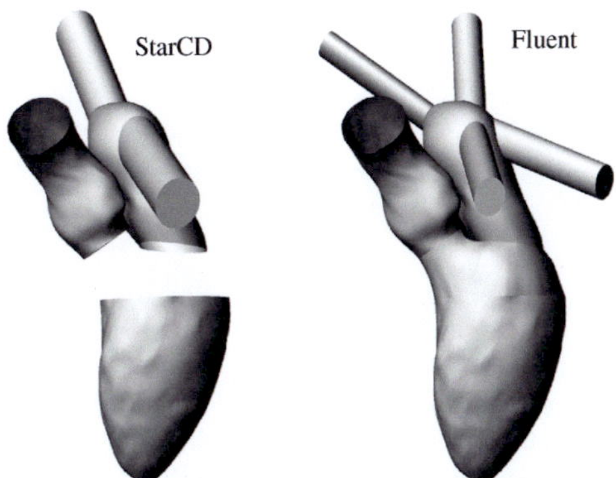

Abbildung 5.4: Aufbereitete Oberflächen für StarCD (links) und Fluent (rechts)

Während die Oberfläche zwischen Ventrikelsack und Herzklappen beim StarCD-Modell vernetzungsbedingt verloren geht, wird diese Einschränkung mit der Umstellung auf unstrukturierte Volumennetze (Fluent) aufgehoben, sodass die gesamte Oberflächeninformation des Ventrikels in der Simulation beinhaltet ist (Abb. 5.4, rechts). Zudem ist es möglich, den Vorhof mit allen vier Zuläufen zu generieren. Eine genaue Beschreibung der Oberflächenaufbereitung findet sich in [22] und [122].

5.3 Netzgenerierung und Netzbewegung

Eine identische Netztopologie ist Grundvoraussetzung für den aus den 20 Phasen approximierten Volumenverlauf (siehe 5.3.3). Aufgrund dessen müssen in den Netzen zum einen die Anzahl der bewegungsvorgebenden Zellen identisch sein und zum anderen die Nachbarschaftsinformationen von Zellen und Knoten erhalten bleiben.

5.3.1 Volumenbasiertes Netz

Die Vernetzung des Ventrikels und der aszendierenden Aorta erfolgt semiautomatisch mit dem PreProcessor ProStar. Ausgehend von der Mitralklappe und dem Aortenauslass werden zwei O-Grids bis in die Ventrikelspitze geführt und auf die Oberfläche projiziert (Abb.5.5, mitte). Sie bilden die Skelettstruktur für das topologisch identische Hexaedernetz [21, 95]. Vorangegangene Simulationen haben gezeigt, dass die Approximation des Volumenverlaufs (siehe 5.3.3) sehr sensitiv auf Torsionen innerhalb der Netzstruktur reagiert. Daher wird das im Netzerstellungsprogramm zugrunde liegende Koordinatensystem für die Vernetzung aller Phasen beibehalten, um so Netzverdrehungen zwischen den Phasen zu vermeiden [113].

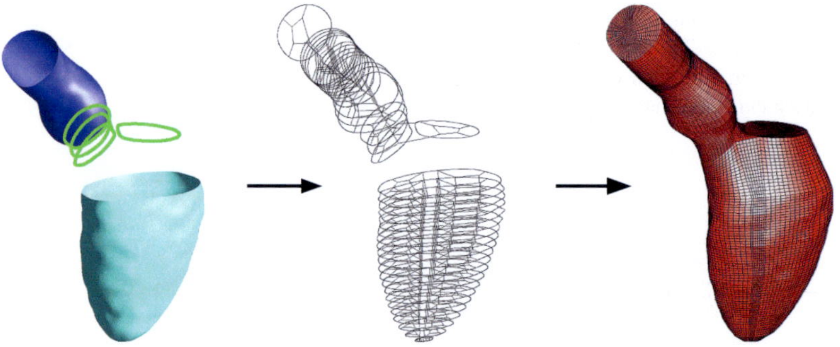

Abbildung 5.5: Blockstrukturierte Vernetzung des Ventrikels und der aszend. Aorta

Die komplexe Geometrie des Vorhofs lässt diese schnelle Vernetzungsmethode nicht zu, sondern erfordert eine manuelle Erstellung mit IcemCFD [113]. Die aufbereitete Oberfläche sowie Aufhängesplines und -punkte werden importiert und ein so genanntes *Blocking* (grün) erstellt, welches aus mehrfachen Einzelblöcken mit einer definierten Anzahl von Hexaederzellen besteht (Abb.5.6, mitte). Um Singularitäten in der Netzstruktur zu vermeiden, ist auch in diesem Fall die Verwendung von O-Grids an den Einlässen beziehungsweise an der Mitralklappe notwendig. Die Herausforderung in der Netzerstellung liegt daher in der blockstrukturierten Überführung der einzelnen O-Grids zu einem Gesamtnetz. Durch Projektion der Blockgrenzen auf die CAD-Oberfläche entsteht ein strukturiertes Volumennetz, welches bei gleichbleibendem *Blocking* für alle 20 Phasen topologisch identisch ist (Abb. 5.6, rechts). Da die Zellen im oberen Vorhofbereich sehr klein werden, ist es aus Konvergenzgründen nicht möglich, die Zuläufe unter StarCD von zwei auf vier zu erweitern.

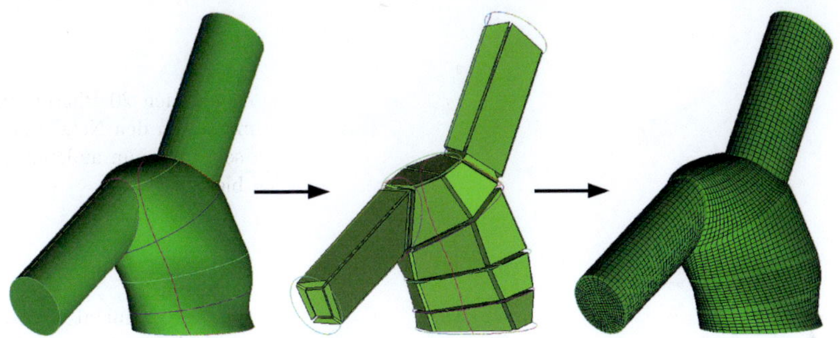

Abbildung 5.6: Blockstrukturierte Vernetzung des Vorhofs

Abschließend werden die strukturierten Hexaedervolumennetze von Ventrikel und Vorhof über das so genannte *Event*-Modul in StarCD vereinigt.

5.3.2   Oberflächenbasiertes Netz

Um die Bewegung des Herzens trotz unstrukturierter Tetraedervolumenzellen zu realisieren, bedarf es beim oberflächenbasierten Netz topologisch identischer Dreiecksoberflächennetze für jede Phase. Die dazu notwendigen Bearbeitungsschritte sind in Abbildung 5.7 gesondert aufgelistet.

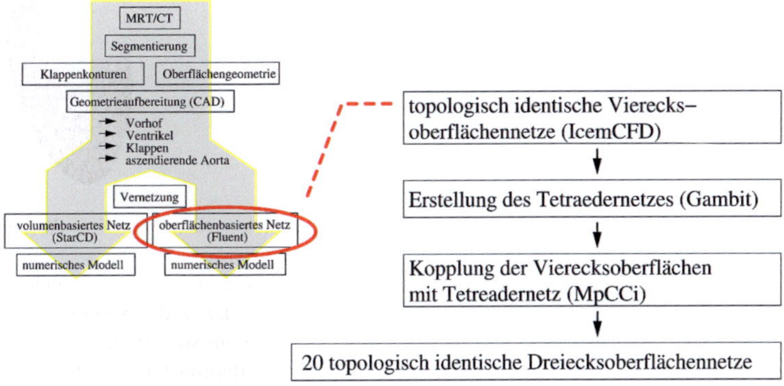

Abbildung 5.7: Ablaufschema der oberflächenbasierten Vernetzung

Die in Rhinoceros© aufbereiteten Oberflächen des gesamten Herzens werden für jede Phase einheitlich mit Referenzierungssplines und -knoten versehen (Abb. 5.6, obenlinks). Sie bilden die Skelettstruktur für die Erstellung von 20 topologisch identischen Hexaedernetzen in IcemCFD. Da im Unterschied zur volumenbasierten Vorhofsvernetzung nur die Oberflächen Verwendung finden und die entstandenen Volumenzellen verworfen werden, ist ein kompliziertes *Blocking* mit O-Grid-Strukturen nicht notwendig (Abb. 5.8, oben).

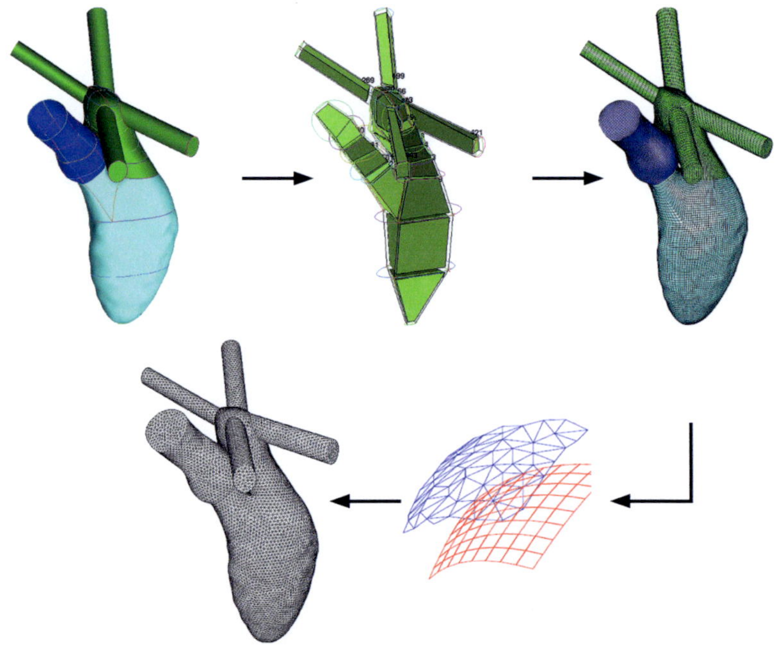

Abbildung 5.8: Oberflächenstrukturierte Vernetzung

Für die Weiterbearbeitung wird das kleinste Herz mit unstrukturierten Tetraederzellen in Gambit©, dem Vernetzer von Fluent, vernetzt. Die Oberfläche des Herzens besteht somit aus einer Vielzahl von Dreieckszellen, deren Nachbarschaftsinformationen willkürlich entstanden sind. Da diese jedoch die Bewegung des Herzens über einen Zyklus steuern, müssen sie für die Approximation (siehe 5.3.3) über alle 20 Phasen erhalten bleiben.

Dazu werden die Dreiecksoberflächen über MpCCi©, einem Kopplungssolver des Fraunhoferinstituts, mit den Vierecksoberflächen der kleinsten Phase gekoppelt (Abb. 5.8, unten). Die so entstandene Zuordnung zwischen den beiden Netzen bleibt in den restlichen Phasen gleich, so dass sich die Dreiecksoberflächen der Volumenveränderung der jeweiligen Phase anpassen [90]. Auf diese Weise entstehen 20 topologisch identische Dreiecksoberflächennetze, über die die Bewegungsvorgabe erfolgt. Das Tetraedervolumennetz ist vollkommen unstrukturiert und durch entsprechende *remeshing*-Optionen während der Simulation weit weniger anfällig für Zellverformungen aufgrund komplexer Geometriebewegungen als das blockstrukturierte Hexaedernetz. Mit dieser Vernetzungsmethode ist zum einen die Simulation des Vorhofs mit vier Zuläufen realisierbar, zum anderen ist ein entscheidender

Schritt in Richtung Automatisierung des KaHMo^{MRT} vollzogen (siehe 8.3).

5.3.3 Netzbewegung

Bei der MRT bzw. CT erfolgt die Datenaufnahme zu diskreten Zeitpunkten im Herzzyklus, der zeitliche Abstand bleibt dabei konstant (Triggerung). In den hier beschriebenen Fällen bilden 20 Phasen den Verlauf der Herzbewegung über einen Herzzyklus ab. Diese zeitliche Auflösung ist für die Simulation jedoch zu grob, sodass die Ventrikelbewegung anhand dieser *Stützstellen* approximiert wird.

Eine Zelle des bewegungsvorgebenden Volumen- bzw. Oberflächennetzes besteht aus acht bzw. drei Knoten (*vertices*). Da die Rechennetze der einzelnen Stützstellen topologisch identisch sind, kann für jeden einzelnen Knoten eine Bahnkurve aus den bekannten Koordinaten der Stützstellen nach entsprechender Approximationsvorschrift abgeleitet werden. Auf diese Weise ist es möglich, die Bewegung des Herzens zeitlich höher aufzulösen [95].

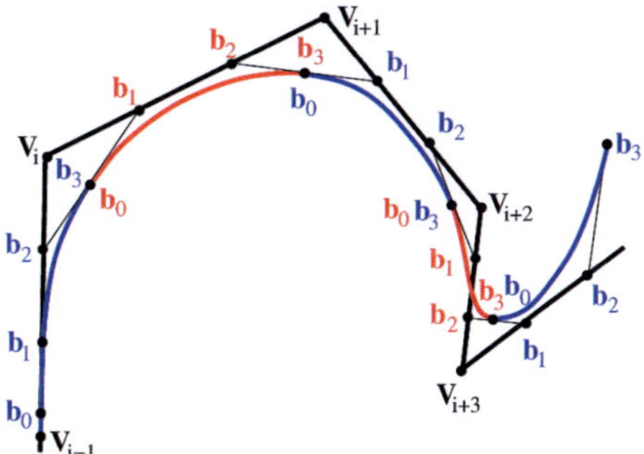

Abbildung 5.9: Bézier-Approximation zwischen den Knotenpunkten $\boldsymbol{V}_{i-1}$ bis $\boldsymbol{V}_{i+3}$

In Abbildung 5.9 ist die hier eingesetzte Bézier-Approximation dritter Ordnung (Gl. 5.1) für die Knoten $\boldsymbol{V}_{i-1}$ bis $\boldsymbol{V}_{i+3}$ ($i = 1...20$) abgebildet. Die einzelnen Segmente $\boldsymbol{x}_i(t)$ (blau, rot) mit den Kontrollpunkten $\boldsymbol{b}_{0,i}$ bis $\boldsymbol{b}_{3,i}$ werden zeitschrittschrittweise berechnet. Zusammengesetzt bilden sie die Gesamtkurve über einen Herzzyklus ab.

$$\boldsymbol{x}(t) = (1 - t)^3 \cdot \boldsymbol{b}_0 + 3 \cdot (1 - t)^2 \cdot t \cdot \boldsymbol{b}_1 + 3 \cdot (1 - t) \cdot t^2 \cdot \boldsymbol{b}_2 + t^3 \cdot \boldsymbol{b}_3 \qquad (5.1)$$

mit
- t = Zeitvariable
- $\boldsymbol{b}_0$ = Startpunkt
- $\boldsymbol{b}_1$ = Kontrollpunkt, der die Tangentensteigung in $\boldsymbol{b}_0$ festlegt
- $\boldsymbol{b}_2$ = Kontrollpunkt, der die Tangentensteigung in $\boldsymbol{b}_3$ festlegt
- $\boldsymbol{b}_3$ = Endpunkt

An den Übergängen jedes Splinesegments müssen die jeweiligen Start- und Endpunkte aufeinander liegen. Zudem gilt die Forderung nach gleicher Tangentensteigung sowie gleicher Geschwindigkeit und Beschleunigung, mit der die Kurve durchlaufen wird. Die ermittelten Bézierpunkte $\boldsymbol{b}_{0,i}$ bis $\boldsymbol{b}_{3,i}$ müssen daher sowohl die erste als auch die zweite Ableitung der Gleichung 5.1 erfüllen.

$$
\begin{aligned}
\boldsymbol{b}_{0,i} &= \frac{1}{6} \cdot (\boldsymbol{V}_{i-1} + 4 \cdot \boldsymbol{V}_i + \boldsymbol{V}_{i+1}) \\
\boldsymbol{b}_{1,i} &= \frac{1}{3} \cdot (2 \cdot \boldsymbol{V}_i + \boldsymbol{V}_{i+1}) \\
\boldsymbol{b}_{2,i} &= \frac{1}{3} \cdot (\boldsymbol{V}_i + 2 \cdot \boldsymbol{V}_{i+1}) \\
\boldsymbol{b}_{3,i} &= \frac{1}{6} \cdot (\boldsymbol{V}_i + 4 \cdot \boldsymbol{V}_{i+1} + \boldsymbol{V}_{i+2})
\end{aligned}
\tag{5.2}
$$

Abbildung 5.9 zeigt, dass die Kontrollpunkte $\boldsymbol{b}_{1,i}$ und $\boldsymbol{b}_{2,i}$ die Strecken zwischen zwei Stützstellen in drei gleich große Abschnitte teilen. Die geraden Verbindungen zwischen diesen beiden Kontrollpunkten mit denen des davor ($\boldsymbol{b}_{2,i-1}$) und danach ($\boldsymbol{b}_{1,i+1}$) liegenden Kurvensegments bilden die Tangentensteigung an den Übergangsstellen ($\boldsymbol{b}_0$ bzw. $\boldsymbol{b}_3$). Diese liegen jeweils auf der Hälfte der entsprechenden Geraden. Es ist deutlich zu erkennen, dass die Vertexkoordinaten der Stützstellen die Approximation steuern, aber nicht explizit durchlaufen werden. Die resultierende Abweichung liegt jedoch vernachlässigbar im unteren Prozentbereich.

Die Größe der Volumenänderung pro Zeitschritt t hängt von der Anzahl der gewählten Zwischennetze ab, mit denen das Kurvensegment approximiert ist. Um mit der in Kapitel 5.6 bestimmten Zellanzahl innerhalb des CFL-Kriteriums (siehe 4.1.3) zu liegen, wurden für die Herzsimulation 50 Zwischenschritte gewählt, was einer Auflöung von $20 \cdot 50 = 1000$ Zeitschritten pro Herzzyklus entspricht.

5.4 Modellierung der Herzklappen

Nach Kapitel 2.1.1 sind die Herzklappen dreidimensionale Gebilde, die sich im Herzzyklus allein durch den anliegenden Druckgradienten passiv öffnen und schließen. Da das KaHMo^{MRT} auf einer reinen Bewegungsvorgabe mittels MRT- bzw. CT-Daten basiert, deren zeitliche und räumliche Auflösung zu grob ist, um Geometrie und Bewegung der Klappensegel exakt zu bestimmen und vorzugeben, lässt sich diese nur mit einer strömung-struktur-gekoppelten Simulation erfassen.

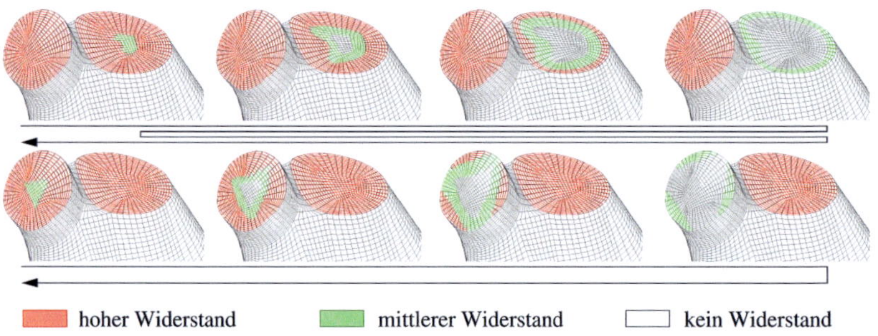

Abbildung 5.10: Öffnung und Schließung von Mitral (oben)- und Aortenklappe (unten)

Aufgrund dessen werden die Herzklappen im KaHMo als zweidimensionale Projektionen der realen Öffnungsflächen implementiert [64], wobei die Öffnungs- und Schließungsprozesse nach Abbildung 5.10 über variable Widerstände (rot=hoher Widerstand, grün=mittlerer Widerstand) in den einzelnen Klappenzonen gesteuert sind. Letztere lassen sich in Größe und Form patientenspezifisch anpassen.

Der in Kapitel 7.1.1 dargestellte Volumenverlauf des Ventrikels (Abb. 7.1) zeigt, dass die Einströmung zwischen der ersten raschen Ventrikelfüllung und der Vorhofkontraktion stark zurück geht. Die passive Mitralklappe reagiert auf dieses Verhalten mit einem kurzzeitigen Schließungsprozess, der durch die Vorhofkontraktion jedoch unterbrochen wird. Dieser Vorgang (Pfeil in Abbildung 5.10) wurde neu in das KaHMo implementiert. Des Weiteren zeigen Echo-Doppler-Aufnahmen deutlich, dass bei der Projektion der geöffneten Klappe ein äußerer Klappenring stehen bleibt, der im Modell jedoch, um keine scharfe Ablösung zu erzwingen, mit einer gewissen Porosität versehen wird.

5.5   Kreislaufmodell

Für die quantitative Auswertung der durchgeführten Strömungssimulationen ist es von Bedeutung, die Randbedingungen an den Zu- und Abgängen des Rechengebiets möglichst real zu halten. Daher wurde in [95] ein Kreislaufmodell entwickelt, das die zeitabhängigen Drücke patientenspezifisch ermittelt und der Simulation vorgibt. Das Modell basiert auf dem am Institut für industrielle Informationstechnik der Universität Karlsruhe (IIIT) entwickelten arteriellen Modell des großen Körperkreislaufs [78, 77]. Dieser wurde an die Anforderungen das KaHMo angepasst und um den venösen Anteil sowie den Lungenkreislauf ergänzt.

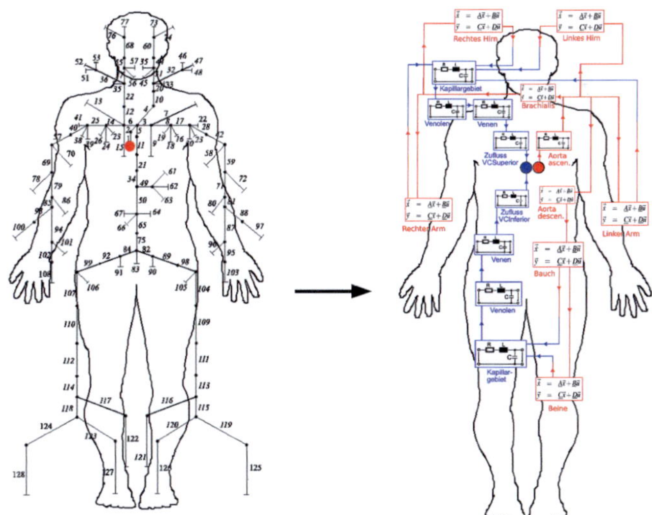

Abbildung 5.11: Kreislaufmodell [95]

Die Grundlage des Modells bildet der arterielle Körperkreislauf, der nach Abbildung 5.11 (links) in 128 Teilgefäße spezifischer Länge l, Wandstärke d, Radius r und Elastizitätsmodul E unterteilt ist. Das Kapillargebiet und Gefäße mit einem Durchmesser $< 2\,mm$ sind dabei gesondert mit einem Widerstandsterm berücksichtigt. Zur Berechnung werden die Navier-Stokes-Gleichungen in das elektrische Analogon überführt, sodass sich für jedes Segment eine elektrische Schaltung zur Ermittlung der relevanten Größen ergibt.

Da diese Detailgenauigkeit des arteriellen Kreislaufs für das KaHMo nicht zur Verfügung stand, wurde das Modell nach Abbildung 5.11 (rechts) in mehrere Zustandsräume überführt und um die fehlenden Anteile ergänzt [95, 96].

5.6   Netzunabhängigkeit

Um den Einfluss des Rechennetzes auf die Simulationsergebnisse zu vermeiden, ist in beiden Modellen die Netzunabhängigkeit zu prüfen. Die dazu notwendigen Simulationen wurden jeweils mit $25.000, 50.000, 100.000$ und 200.000 Zellen im Ventrikel durchgeführt und ausgewertet [50, 95].
Die in [95] vorgestellten Ergebnisse zum volumenbasierten StarCD-Modell zeigen bei der Auswertung integraler Größen keine eindeutige Netzunabhängigkeit. Ab 100.000 Zellen bleiben jedoch zum einen die Volumina konstant, zum anderen ändert sich die Strömungsstruktur nicht mehr, so dass diese Zellgröße für die numerischen Simulationen gewählt wurde.
Die Simulationen mit unstrukturierten Volumennetzen (Fluent) geben die integralen Größen Geschwindigkeit und Druck bereits ab 25.000 Zellen richtig wieder. Die Viskosität zeigt jedoch erst ab 100.000 Zellen eine Netzunabhängigkeit, sodass auch in diesem Fall die Simulation mit 100.000 Zellen durchgeführt wurde [50].

5.7   Numerische Modelle

In Abbildung 5.12 sind die numerischen Modelle der in dieser Arbeit untersuchten Datensätze abgebildet. Die Umstellung von blockstrukturierten Hexaedernetzen (StarCD) auf unstrukturierte Tetraedernetze (Fluent) erfolgte am Validierungsfall ($V001$). Die Ergebnisse sind in Kapitel 6 ausführlich beschrieben.

Die patientenspezifischen Rohdaten der Datensätze $B001$, $B002$ und $B003$ wurden in der Kardiologie des Universitätsklinikums Bonn aufgenommen. Da die Modellumstellung analog zu der in Kapitel 8 durchgeführten Dimensionsanalyse zur Findung herzspezifischer Kennzahlen erfolgte und die Datensätze vorangegangener Promotionen [21, 95] mit berücksichtigt werden, beruhen diese Ergebnisse auf dem blockstrukturierten StarCD-Modell.

Die Weiterentwicklung des KaHMo^{MRT} insbesondere im Vorhofbereich erfolgte am Referenzdatensatz $B001$, dessen Ergebnisse in Kapitel 7 zusammengetragen sind. Zur Einflussuntersuchung der Vorhofgeometrien mit zwei und vier Zuläufen sowie einer abschließenden Bewertung der Software- und Methodenumstellung, wurde dieser Datensatz mit beiden Softwarepaketen simuliert.

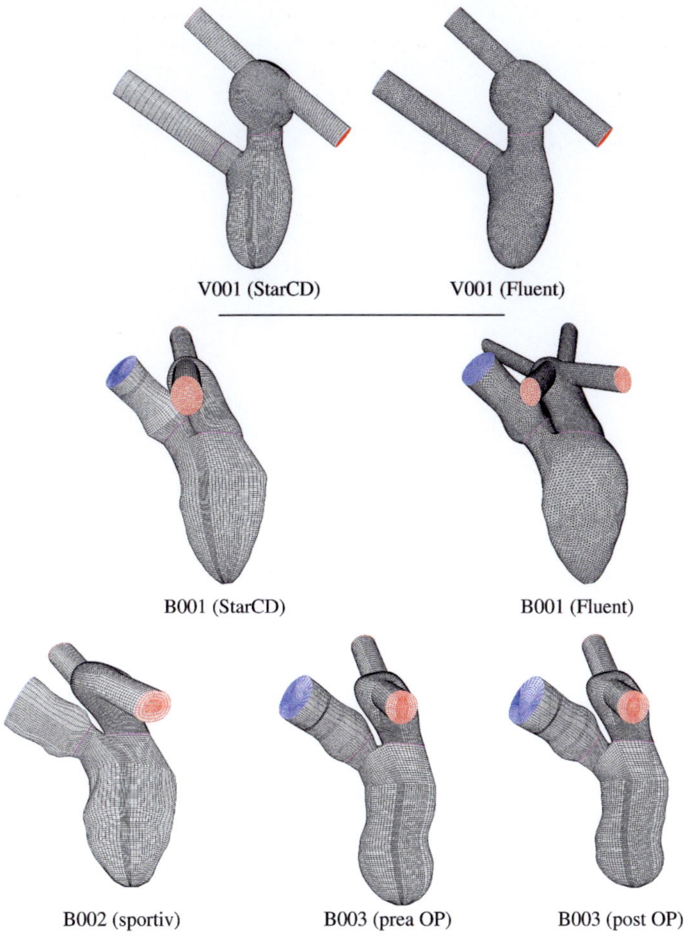

Abbildung 5.12: Numerische Modelle

Die Berechnungen aller patientenspezifischen Modelle wurden mit Druckrandbedingungen (*pressure*) aus dem Kreislaufmodell durchgeführt. Bei der Validierung liegen, entsprechend dem Versuchsaufbau, konstante Drücke am Ein- bzw. Auslass an. Die Öffnungs- und Schließungsvorgänge der Herzklappen sind mit Widerstandsrandbedingungen (StarCD: *baffle*, Fluent: *porous jump*) gesteuert. Aus Konvergenzgründen ist in Fluent eine Umdefinition der Randbedingung auf *wall* notwendig, sobald die Klappe vollständig geschlossen ist.

6 Validierung des KaHMo

Die mit dem KaHMo^{MRT} getroffenen Aussagen über die Strömung im Herzen müssen hinsichtlich Genauigkeit und physikalischer Gültigkeit überprüft werden. Da ein Vergleich zwischen der simulierten Strömung und *in vivo* erfassten Flussmessungen aufgrund der Aufnahmeungenauigkeit des MRT nur qualitativ möglich ist [64], wurde in Kooperation mit dem Labor für Fluidmechanik der Fachhochschule München die Strömung in einem Silikonherz mittels Particle Image Velocimetry (PIV) vermessen und anschließend den Ergebnissen aus der Simulation des abgeleiteten Modells gegenübergestellt [115].

Um eine möglichst reale Abbildung der kardialen Strömung zu erreichen, sind folgende Punkte im Experiment berücksichtigt:

- Abgeleitete Geometrie von patientenspezifischen Daten
- Pulsierende Pumpbewegung ohne Auflagefläche
- Vorhof als Richtungsvorgabe der Strömung
- Verwendung von Bioklappenprothesen

Des Weiteren erfolgt anhand der Validierung die kontrollierte Umstellung des KaHMo^{MRT} auf unstrukturierte Volumennetze.

6.1 Versuchsaufbau und -durchführung

Das zur Realisierung der genannten Ziele in eine nach Abbildung 6.1 mit Flüssigkeit gefüllte Messkammer eingebrachte Silikonherz ist an den Zu- und Abgängen mit einen Windkesselsystem verbunden.

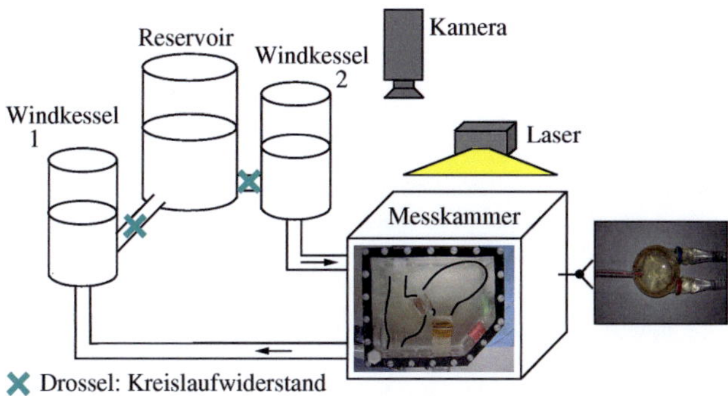

Abbildung 6.1: Skizze des Versuchsaufbaus

Die Bewegung des Herzens steuert eine externe Pumpe (Medos© VAD), die der Messkammer pulsatil Flüssigkeit entzieht. Dadurch wird der elastische Ventrikel bis auf sein enddiastolisches Volumen vergrößert und anschließend entspannt. Dieses Prinzip ermöglicht eine minimale und auflagefreie Fixierung des Ventrikels. Die Bildaufnahme erfolgt phasengetriggert und schichtweise über einen Laser und die dazu im rechten Winkel positionierte Kamera.

Ventrikelmodell

Die Geometrien von Vorhof und Ventrikel entstammen einem patientenspezifischen MRT-Datensatz. Sie werden geometrisch aufbreitet, als wiederverwendbares Negativmodell gefertigt und mit Wachs ausgegossen. Die darauf aufgebrachte ca. 1 mm dicke, elastische und transparente Silikonschicht lässt sich durch Schmelzen des Wachses freilegen (Abb.6.2).

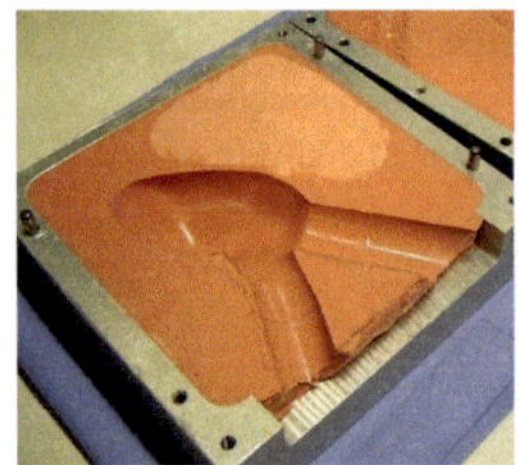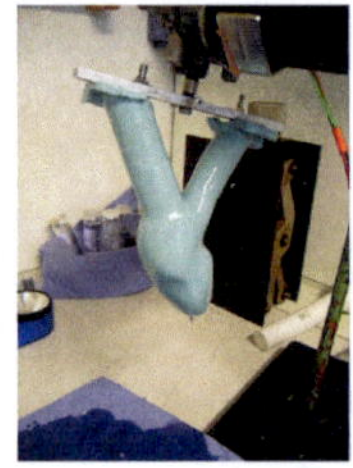

Abbildung 6.2: Herstellung des Silikonventrikels

Vorhof und Ventrikel befinden sich in der gleichen Messkammer und werden von dem gleichen Pumpsystem bedient; folglich kann keine gegenläufige Volumenbewegung (siehe 7.1.1) stattfinden. Da der Fokus der Validierung auf der Ventrikelströmung liegt und der Vorhof lediglich als Richtungsvorgabe der Einströmung dient, ist dieser dickwandig gegossen, um keine großen Bewegungen zuzulassen. Die hier verwendeten Herzklappen sind Bioprothesen mit drei Segeln der Marke EDWARDS-Perimount^{TM}.

Modellfluid

Nach [59] besitzt eine Polyacryl-Dimethylsulfoxid-Wassermischung im relevanten Messbereich die nicht-newtonschen Eigenschaften von Blut. Dem transparenten Fluid sind Tracerpartikel der Größe 15-30 μm beigefügt, die nach [102] die entsprechende Dichte besitzen und schlupffreies Verhalten aufweisen. Die Messkammer ist mit einem Glycerin-Wasser-Gemisch gefüllt, die den gleichen Brechungsindex wie das Silikonmodell besitzt, damit die Laserstrahlen ungebrochen durch das Modell gehen. Zur besseren Abgrenzung der Ventrikelgeometrie besitzt dieses Fluid keine Partikel.

Versuchsdurchführung

Bei einer Pumpfrequenz von 60/min (T_0=1 s) erfolgt die Datenerfassung mit 2D-PIV als Einfachbelichtung zweier separater Bilder (double frame/single exposure). Die Ventrikelbewegung und die Strömung werden zu 18 Zeitpunkten (Phasen) über einen Pumpzyklus in Ebenen mit einem Abstand von 2-4mm gemessen (Abb. 6.3). Die Auswertung des Geschwindigkeitvektorfeldes erfolgt in Kleinfeldern der Größe 32 × 32

Pixel $(1,4 \times 1,4mm)$ [102].

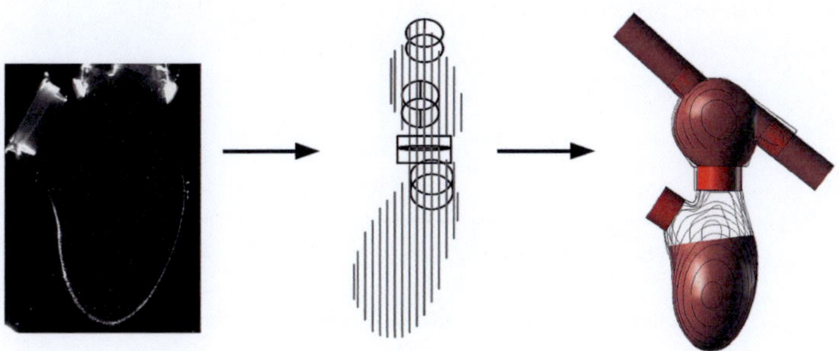

Abbildung 6.3: PIV (links), extrahierte Daten (mitte), aufbereitete Oberfläche (rechts)

Geometrieaufbereitung und Vernetzung
Aus den PIV-Schnitten lässt sich für jede Phase die Geometrie in Form von Punktewolken extrahieren. Sie dienen mit den Klappenadaptern als Vorlage für die Aufbereitung der Oberflächen (Abb. 6.3, rechts). Die Vernetzung erfolgt entsprechend dem Vorgehen nach Kapitel 5.3. Um die Vergleichbarkeit zwischen den Lösungen mit strukturierten (StarCD) und unstrukturierten (Fluent) Volumennetzen zu gewährleisten, wird in diesem Fall die gleiche Geometrieinformation verwendet.

6.2 Interpretation der dreidimensionalen Strömungsstruktur

Eine dreidimensionale Interpolation der zweidimensionalen Geschwindigkeitsinformationen der jeweiligen Auswerteschnitte ist im Experiment sehr aufwändig und ungenau. Da jedoch für die Beurteilung der Validierung hinsichtlich einer realen Herzströmung die genaue Analyse der dreidimensionalen Strömung notwendig ist, wird die Ventrikelströmung der StarCD-Lösung zu sechs signifikanten Zeitpunkten $(t_1...t_6)$ in Form von projizierten Stromlinien $(v_{max}=1,2m/s)$ im frontalen und sagitalen Mittelschnitt nach Abbildung 6.4 sowie mit den strömungscharakterisierenden $\lambda2$-Isoflächen $(\lambda2=-1000)$ ausgewertet.

Zu Beginn der Diastole (Abb. 6.5, $t_1=0,13$) bildet sich ein Ringwirbel als Ausgleichsbewegung zwischen einströmendem Jet und ruhendem Fluid. Da während der Systole nicht alle Wirbelstrukturen des vorangegangenen Zyklus ausgewaschen werden, steht in dieser ersten Hälfte der Diastole noch eine Wirbelwalze im linken vorderen Bereich des Ventrikels, die die Strömung und somit den Ringwirbel nach hinten rechts abdrängt. Dieses Verhalten wird durch die stark nach vorne geneigte Form des Ventrikelsacks begünstigt. Als Folge stößt der Jet auf die hintere Ventrikelwand und verursacht so eine Neigung des Wirbels entgegen der in Kapitel 2.1.2 beschriebenen Strömungsstruktur im realen Herzen $(t_2=0,22)$.

Zum Zeitpunkt $t_3=0,28$ (Abb. 6.6) ist der Ringwirbel bereits aufgebrochen. Dessen dominierende linke vordere Seite entwickelt sich aufgrund der Ventrikelgeometrie zu einer

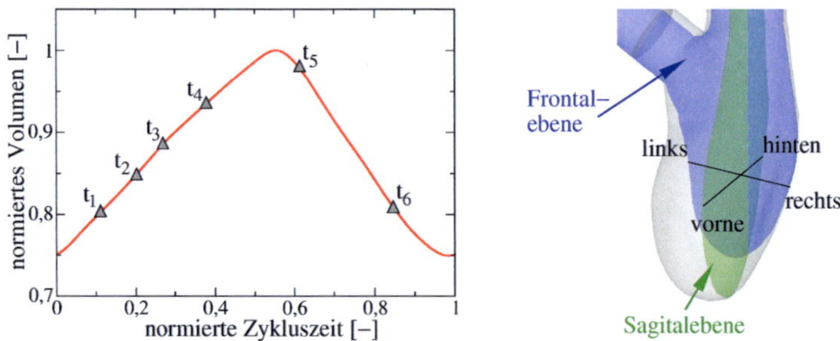

Abbildung 6.4: Auswertezeitpunkte und Auswerteebenen

Wirbelwalze, die an der hinteren Ventrikelwand in Richtung Ventrikelspitze rollt und somit das Strömungsverhalten dominiert (t_4=0,39). Der obere abgedrückte Teil des Ringwirbels verliert an Energie und dissipiert.

Zum Ende der Diastole hat die Walze die Ventrikelspitze erreicht und zerfällt in mehrere Wirbelstrukturen mit gleicher Drehrichtung. Diese wandern mit Beginn des Ausströmvorgangs (Systole) in Richtung Aortenklappe, wobei sich die Stromlinien spiralförmig durch den Ventrikel ziehen (t_5=0,63). Die Wirbelstruktur ist mit schwindender Intensität bis über das Ende der Systole hinaus erkennbar und beeinflusst somit den folgenden Zyklus (t_6=0,86).

Neben der dreidimensionalen Darstellung der Strömungsstruktur mit Hilfe der $\lambda 2$-Methode, lässt sich diese beim realen menschlichen Herzen gut mit projizierten Stromlinien im frontalen Langachsenschnitt beschreiben (Abb. 2.5), da dort die Bewegung der großen Wirbel in weiten Teilen senkrecht zu dieser Ebene erfolgt.

Im Validierungsexperiment bleibt jedoch die dominierende linke Seite des Ringwirbels durch das Abknicken des Ventrikelsacks nicht in der Frontalebene. Die Staupunktströmung auf die hintere Ventrikelwand bewirkt, dass sich die dominante linke Seite um 90° dreht und so zur dominanten vorderen Seite wird, da dort der Wirbel den meisten Platz zur Ausbreitung hat. Aufgrund dessen muss in der zweidimensionalen Betrachtung neben der Frontalebene auch die Sagitalebene herangezogen werden, um die Struktur vollständig darstellen zu können.

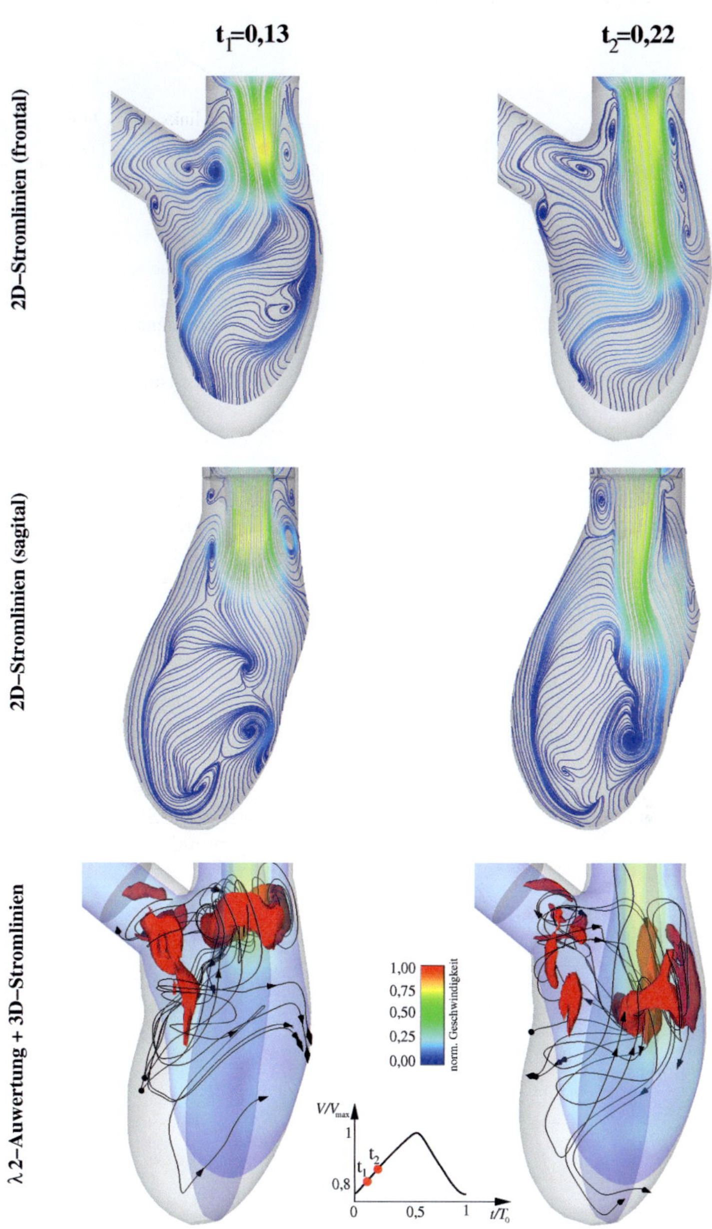

Abbildung 6.5: Strömungsstruktur im Silikonventrikel (t_1 und t_2)

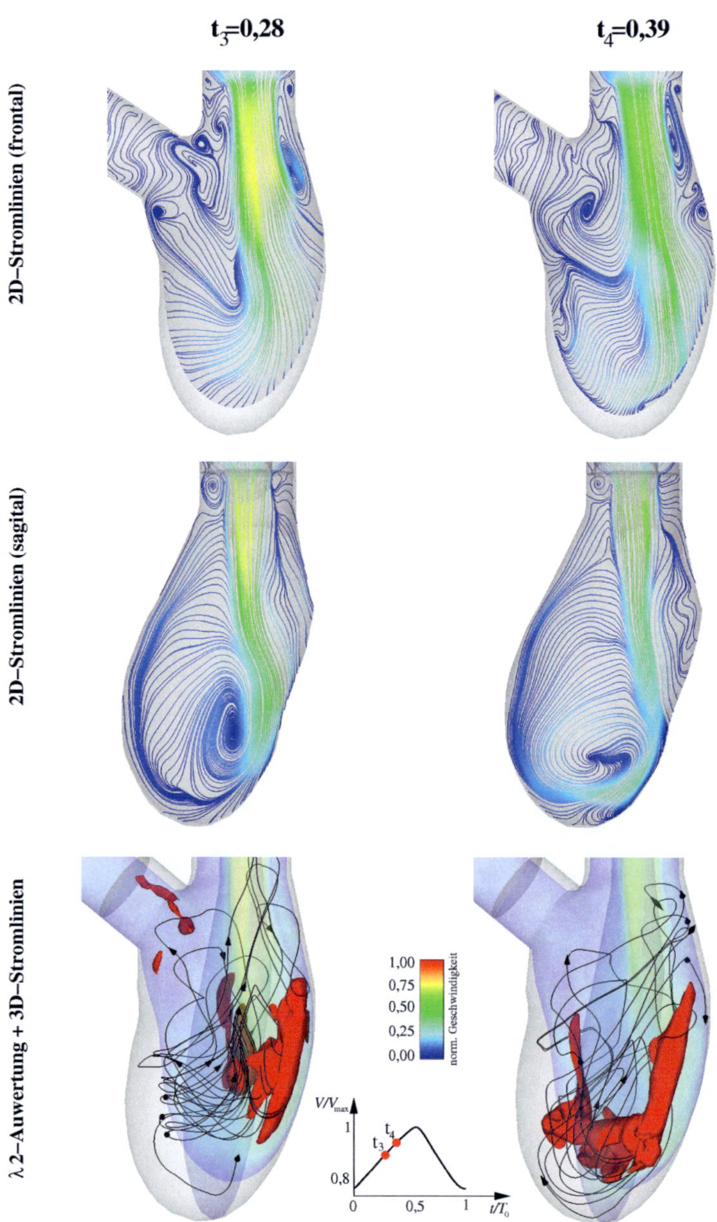

Abbildung 6.6: Strömungsstruktur im Silikonventrikel (t_3 und t_4)

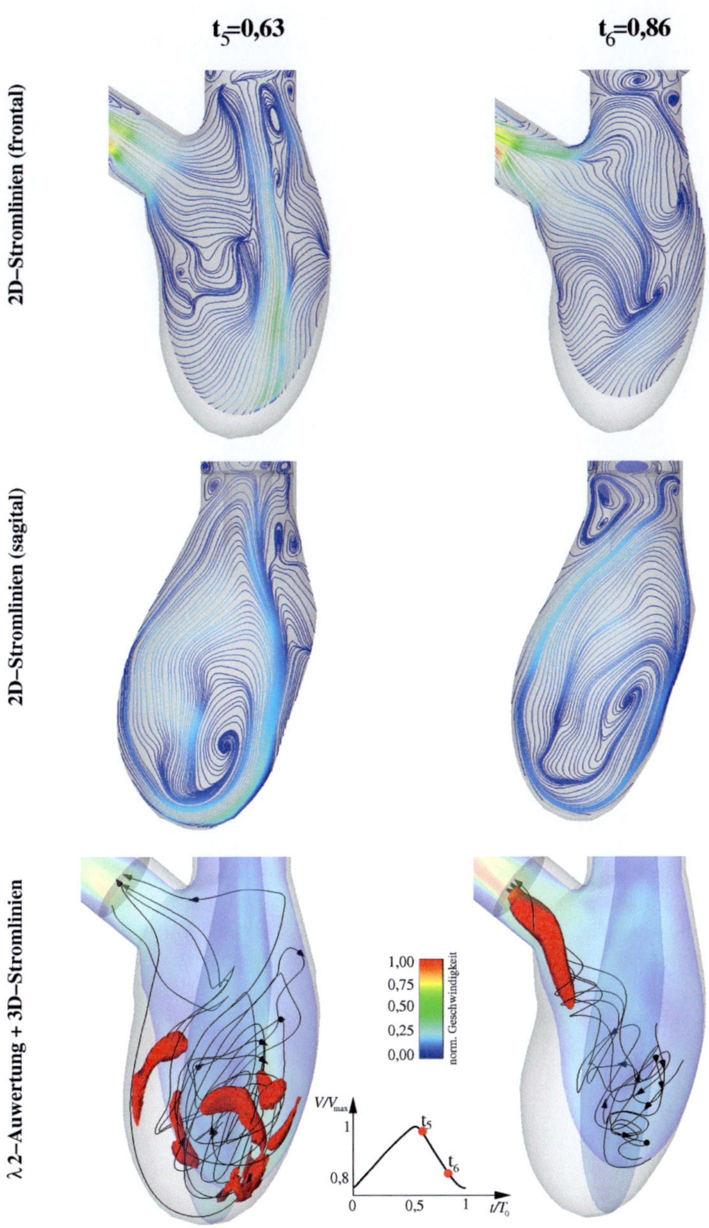

Abbildung 6.7: Strömungsstruktur im Silikonventrikel (t_5 und t_6)

In Abbildung 6.8 sind die dreidimensionalen Wirbelstrukturen der dominierenden Wirbelbewegung mit eingezeichneten Foki und Sattelpunkten zu den Zeitpunkten t_1, t_2, t_4 und t_6 dargestellt.

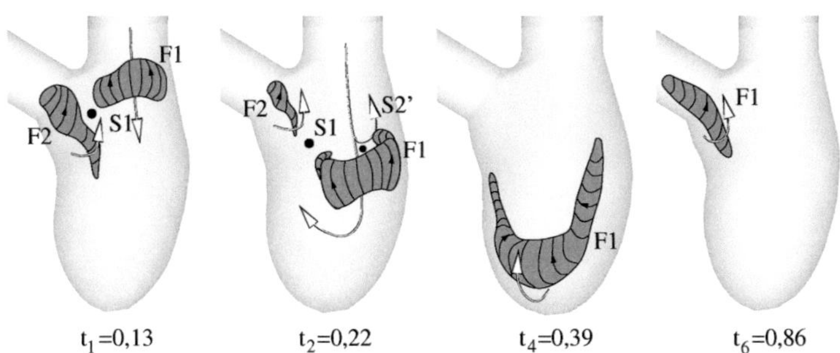

Abbildung 6.8: Schematische Darstellung Strömungsstruktur

Zum Zeitpunkt t_1 bildet sich der torusförmige Ringwirbel (F1) aus, der aufgrund der verbleibenden Wirbelwalze aus dem vorherigen Zyklus (F2) in Richtung hintere Ventrikelwand gedrängt wird. Die jeweiligen Drehrichtungen sind der Abbildung 6.8 zu entnehmen. Aufgrund der beiden gegenläufigen Wirbelstrukturen entsteht zwischen den beiden Foki eine Sattellinie (S1).

Im weiteren Verlauf (t_2) stößt F1 an die hintere Ventrikelwand, bricht auf und kippt mit der vorderen Seite nach unten in Richtung Ventrikelspitze. Bevor die obere Hälfte aufgrund schwindender Energie dissipiert, entsteht für kurze Zeit ein Halbsattel (S2') an der Ventrikelwand. Zum Zeitpunkt t_4 ist auch F2 vollständig dissipiert und der aufgebrochene Fokus F1 rollt nun in Form der bereits beschriebenen Wirbelwalze, deren Enden durch die Ventrikelwände fixiert sind, in Richtung Ventrikelspitze und spült diese aus. Mit Beginn der Systole und der damit verbundenen Ausspülung wird die Wirbelwalze durch Überlagerung von Wirbeldrehung und Ausströmrichtung zu einer Wirbelspirale und zieht quer durch den Ventrikel in Richtung Aortenkanal, wo sie bis zum Beginn des neuen Zyklus verbleibt und dort als F2 den einströmenden Wirbel (F1) verdrängt.

Durch die Interpretation der dreidimensionalen Strömungsstruktur im Silikonventrikel wurden die Unterschiede zu einer realen Herzströmung deutlich. Die Ursachen liegen zum einen in der abgeknickten Geometrie des Ventrikelsacks (Abb. 6.3, mitte) und zum andern in der kleinen Ejektionsfraktion (siehe 8.2.1) sowie der daraus resultierenden geringen Reynoldszahl. Letztere sind auf die geringe Leistung des angeschlossenen Pumpe zurückzuführen. Dennoch lassen sich mit dem Validierungsexperimet einige in der Simulation des realen Herzens gefundenen Strömungscharakteristika aufzeigen, sie erfahren nur zusätzlich eine Torsion durch die vorhandene Geometrie. Schlussfolgernd lässt sich sagen, dass das KaHMo^{MRT} sogar weitaus komplexere Strukturen abbilden kann.

6.3 Validierung der numerischen Modelle

6.3.1 Volumenverlauf und pV-Diagramm

Die aus den PIV-Aufnahmen segmentierten und geometrisch aufbereiteten Herzen dienen als Stützstellen ($\varphi_{1\ldots18}$) für den approximierten Volumenverlauf (Abb. 6.9, links). Letzterer zeigt leichte Abweichungen im enddiastolischen bzw. endsystolischen Bereich, die jedoch mit $\Delta V_{dia}{=}1,56\,ml$ und $\Delta V_{sys}{=}0,91\,ml$ vernachlässigbar gering sind. Der sinusähnliche Verlauf untergliedert sich in eine diastolische Zeit von $0,57\,s$ und eine systolische Zeit von $0,43\,s$.

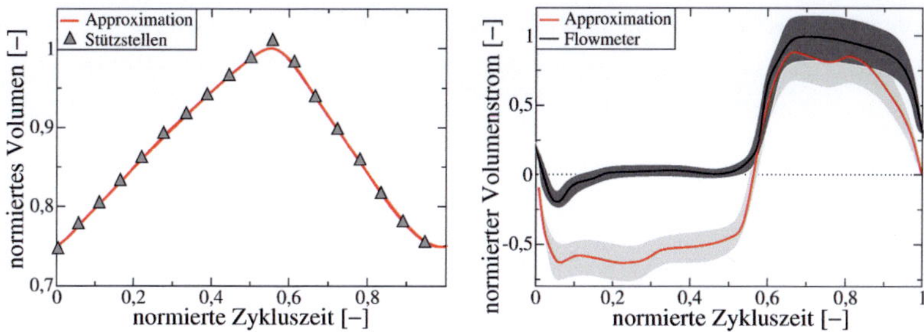

Abbildung 6.9: Volumenverlauf und Volumenstrom (V001)

Der abgeleitete Volumenstrom liegt während der Systole innerhalb des Toleranzbereichs. Die Abweichungen lassen sich auf Messunsicherheiten des auf dem Gummischlauch angebrachten Flowmeters (ca. 15%) und auf Segmentierungsungenauigkeiten (ca. 19%) zurückführen (siehe 6.3.3). Da das Flowmeter stromab der Aortenklappe angebracht ist, kann der für die Diastole relevante Volumenstrom ($t/T_0 < 0,57$) experimentell nicht ermittelt werden.

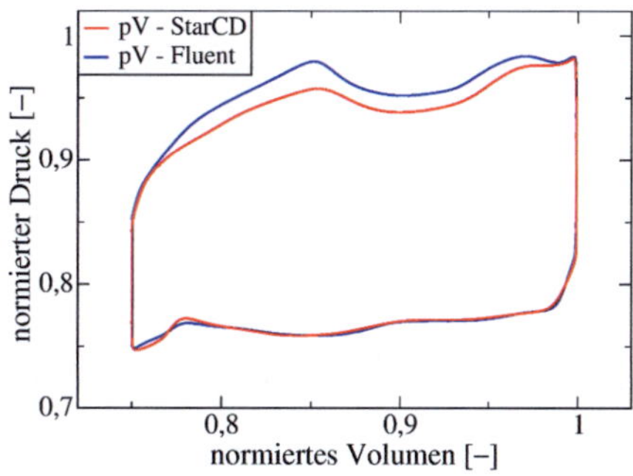

Abbildung 6.10: Druck-Volumen-Diagramm (V001)

In Abbildung 6.10 ist für beide Simulationsergebnisse der Druck über das Volumen aufgetragen. Da an den Zu- und Abgängen des Experiments mit $\bar{p}_{ein}$=8400 Pa und $\bar{p}_{aus}$=10100 Pa nahezu konstante Drücke anliegen, weicht das Diagramm von der physiologischen Kurve ab (Abb. 7.3). Des Weiteren ist der Druckunterschied mit Δp=1700 Pa um etwa eine Größenordnung kleiner als im menschlichen Kreislauf. Da Blut als inkompressible Flüssigkeit betrachtet wird, wirkt sich diese versuchsstandbedingte Einschränkung jedoch nicht auf das Strömungsbild bzw. die simulierten Geschwindigkeiten aus. Die Abweichungen zwischen den Simulationen mit StarCD und Fluent sind auf die unterschiedlichen Simulationsmodelle und Softwarepakete zurückzuführen.

6.3.2 Kennzahlen und Parameter

In Tabelle 6.1 sind die 'physiologischen' und strömungsmechanischen Kennzahlen aus dem Experiment sowie aus den Simulationen mit StarCD und Fluent aufgelistet.

Validierungsexperiment				
zeitliche Angaben		Einheit	StarCD	Fluent	Exp.
Puls	HR	$1/min$	60	60	60
Zykluszeit	T_0	s	$1,00$	$1,00$	$1,00$
Diastolische Zeit	t_{dia}	s	$0,57$	$0,57$	$0,56$
Systolische Zeit	t_{sys}	s	$0,43$	$0,43$	$0,44$
geometrische Angaben		Einheit	StarCD	Fluent	Exp.
Schlagvolumen	V_S	ml	$48,10$	$47,78$	$50,58$
Enddiast. Volumen	V_{dia}	ml	$191,74$	$191,46$	$193,31$
Endsyst. Volumen	V_{sys}	ml	$143,64$	$143,68$	$142,73$
Mitralklappenfläche	A_{mi}	mm^2	$176,81$	$176,81$	$176,88$
Aortenklappenfläche	A_{ao}	mm^2	$155,85$	$155,85$	$155,70$
Mitralklappendurchmesser	D_{mi}	mm	$15,00$	$15,00$	$15,01$
Aortenklappendurchmesser	D_{ao}	mm	$14,09$	$14,09$	$14,08$
Strömungsgrößen		Einheit	StarCD	Fluent	Exp.
Mittl. Mitralgeschwindigkeit	$\bar{v}_{dia}$	m/s	$0,48$	$0,47$	$0,51$
Mittl. Aortengeschwindigkeit	$\bar{v}_{sys}$	m/s	$0,72$	$0,71$	$0,74$
Mittl. effektive Viskosität	$\bar{\mu}_{eff}$	g/ms	$5,45$	$5,39$	$5,55$
Dichte	ρ	kg/m^3	1008	1008	1008
Kennzahlen		Einheit	StarCD	Fluent	Exp.
Mittlere Reynoldszahl	Re	$-$	1944	1950	2062
Mittlere Womersleyzahl	Wo	$-$	$18,50$	$18,90$	$-$
Durchmischungsgrad	M_1	%	$71,45$	$71,23$	$-$
Durchmischungsgrad	M_4	%	$25,80$	$22,02$	$-$
Verweilzeit (20% Restblut)	t_b	s	$4,47$	$4,32$	$-$
pV-Arbeit	A_p	Nm	$0,088$	$0,094$	$-$
Ejektionsfraktion	EF	%	25	25	26
Dimensionslose Pumparbeit	O	$-$	$1,50 \cdot 10^6$	$1,58 \cdot 10^6$	$-$
Cardiac Output	CO	l/min	$2,89$	$2,87$	$3,04$

Tabelle 6.1: Quantitative Erfassung des Validierungsexperiments V001

Die Herleitung der herzspezifischen Kennzahlen findet sich in Kapitel 8, die gemittelten Größen ergeben sich entsprechend der in Kapitel 3.4 eingeführten Formeln.

Die hier ermittelten Werte für Ejektionsfraktion, Reynoldszahl und Verweilzeit entsprechen eher denen eines kranken Herzens. Des Weiteren resultiert aus der unphysiologisch kleinen Druckdifferenz zwischen Mitral- und Aortenklappe eine Druck-Volumen-Arbeit von nur $A_{p(Star)}=0,088]\,N/m$ bzw. $A_{p(Fluent)}=0,094\,N/m$, was zu einer sehr kleinen dimensionslosen Pumparbeit O führt (siehe 8). Durch diese versuchsstandbedingte Einschränkung lassen sich die strömungsmechanischen Kennzahlen des Validierungsexperiments nur bedingt mit denen realer Herzen in Beziehung setzen.

Die modellbedingten Abweichungen zwischen StarCD und Fluent sind sehr gering. Die etwas kürzere Verweilzeit resultiert aus einer besseren Durchmischung des mit Tetraederzellen simulierten Ventrikels.

6.3.3 Vergleich der Strömungsstrukturen

Die Auswertung der Validierungsergebnisse erfolgt nach Abbildung 6.11 im frontalen Langachsenschnitt durch die Mitte der Mitralklappe. In dieser Ebene werden projizierte Stromlinien und Absolutgeschwindigkeiten (Schnitt 1 und Schnitt 2) im Experiment und in den Simulationen mit StarCD und Fluent ermittelt und zu vier charakteristischen Zeitpunkten (φ_3=045, φ_6=105, φ_{10}=185,φ_{15}=285) gegenüber gestellt (Abb. 6.12-6.15).

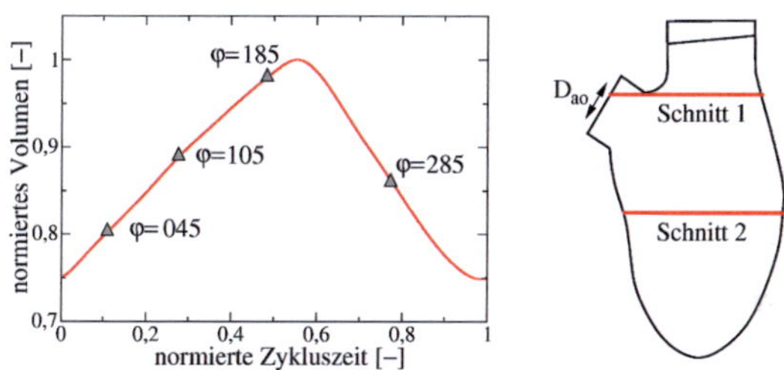

Abbildung 6.11: Auswertzeitpunkte, -ebene und -schnitte

Die Normierung der Achsen richtet sich nach der im Experiment erfassten Maximalgeschwindigkeit von v_{max}=1,2 m/s und nach der entsprechenden Messstreckenlänge der jeweiligen Phase bzw. des jeweiligen Schnittes $L^*=(z_{max}-z_{min})/D_{ao}$ mit $0 < L_M^*=||L^*|| < 1$.

Fehlerabschätzung

Mögliche Fehlerquellen bei der Erfassung und Berechnung der PIV-Daten resultieren aus der Messmethode sowie aus der statistischen Auswertung (Kreuzkorrelation). Diese sind in [102] detailliert dargestellt und werden dort mit einer Unsicherheit von 5% angegeben. Die segmentierten Daten weisen insbesondere im Adapter- und Vorhofbereich starke Ungenauigkeiten aufgrund von Artefakten in den PIV-Messungen auf. Der daraus resultierende Fehler wird am Übergang von Vorhof zu Adaper mit 15%, am Übergang von Adapter zu Ventrikel mit 10% und im Volumenbereich mit 5% angenommen. Diese Unsicherheiten fließen in die Simulationsergebnisse ein.

Des Weiteren ist im KaHMo^{MRT} ein zweidimensionales Klappenmodell implementiert, das die dreidimensionalen Klappensegel mit der projizierten Öffnungsfläche ersetzt. Der daraus resultierende Fehler wird auf 10% geschätzt. Damit ergibt sich für die Simulation nach der in [28] beschriebenen Ungenauigkeitsbetrachtung eine mögliche Abweichung von 21%.

Der ermittelte Fehler wird in den Abbildungen 6.12-6.15 mit einem hellgrau (Simulation) und dunkelgrau (PIV) hinterlegten Toleranzbereich angegeben.

Phase 045

Zu Beginn der Diastole (t/T_0=0,13) bildet sich der für diesen Zeitpunkt bekannte Ringwirbel aus (siehe Abb.6.5, links). Die Strömungsstrukturen in Ventrikel und Vorhof werden mit der Simulation gut wiedergegeben. Leichte Unterschiede zeigen sich in Lage

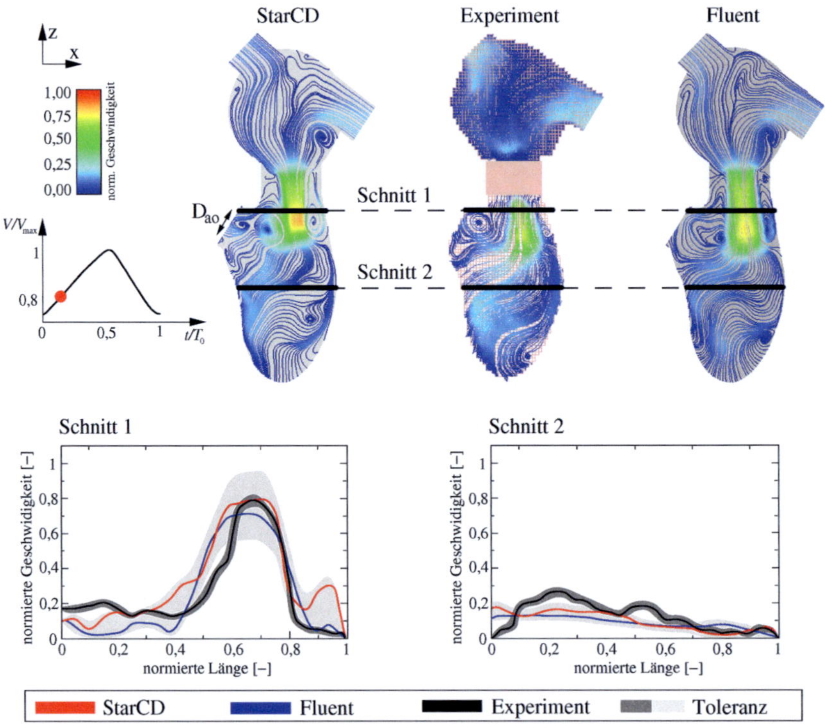

Abbildung 6.12: Ergebnisse der Phase 045

und Intensität des Ringwirbels. Während die rechte Wirbelseite im Experiment stark unterdrückt und aus dem Auswerteschnitt 1 gedrängt wird, ist diese in den Simulationen weit stärker ausgeprägt. Resultierend treten lokale Maxima im Geschwindigkeitsprofil auf, die aufgrund der Wirbelintensität jedoch unterschiedlich stark ausfallen. Die Abweichungen der Profile lassen sich auf die Modellierung der Klappen und auf die unterschiedliche Netzstruktur in diesem Bereich zurückführen, liegen jedoch überwiegend im Ungenauigkeitsbereich. Stromab (Schnitt 2) zeigt sich eine gute Übereinstimmung der Geschwindigkeiten, wenn auch die simulierten Profile leicht glatter sind als das gemessene.

Phase 105

Zum Zeitpunkt $t/T_0 = 0,29$ ist der Ringwirbel bereits an der hinteren Ventrikelwand aufgebrochen und die dominierende linke vordere Seite wandert in Richtung Ventrikelspitze. Diese Strukturen sind insbesondere in der dreidimensionalen Darstellung der Abbildung 6.6 (links) zu erkennen.

Die projizierten Stromlinien zeigen den Einströmjet und die in dieser Ebene auseinandergebrochenen Wirbelseiten. Im Schnitt 1 liegen die Geschwindigkeitsprofile der drei Fälle innerhalb der Toleranz. Der etwas steilere Geschwindigkeitsanstieg im Experiment lässt sich auf den Einfluss der dreidimensionalen Klappe zurückführen. Im Schnitt 2 stimmt die Fluent-Lösung weitgehend mit dem Experiment überein. Aufgrund des etwas stärkeren Wirbels auf der linken Seite wird der Strahl in der Simulation stärker eingeschnürt. Dieses Verhalten zeigt sich auch in der StarCD-Lösung, in der der Einströmjet die Geschwindigkeit noch nicht erreicht hat. Die Vorhofströmung stimmt in allen Fällen sehr gut überein.

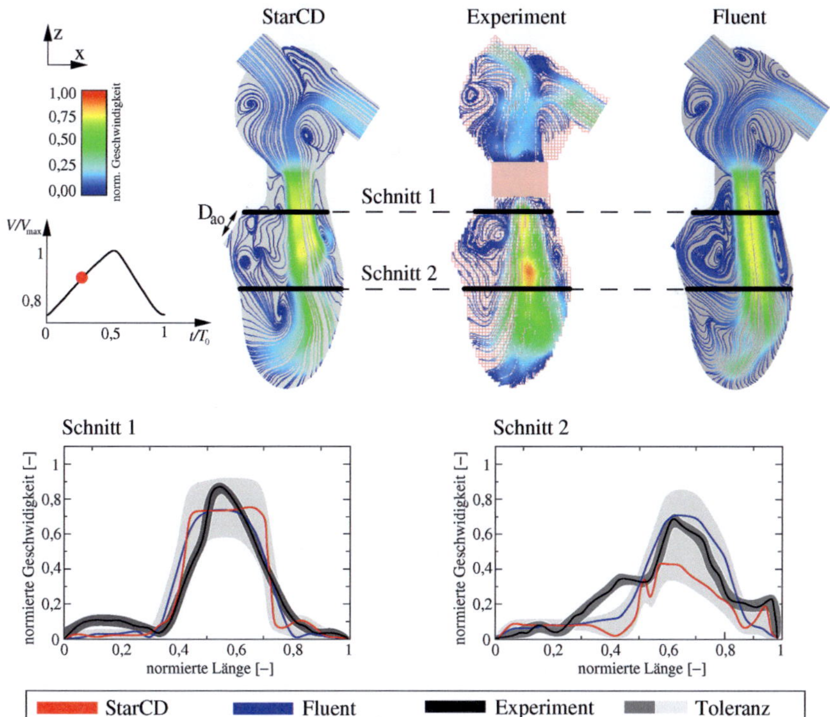

Abbildung 6.13: Ergebnisse der Phase 105

Phase 185

Zum Ende des Einströmvorgangs ($t/T_0 = 0,51$) hat die Wirbelwalze die Ventrikelspitze erreicht. Deren Hauptdrehrichtung befindet sich zu diesem Zeitpunkt um 90° gedreht in der sagitalen Ebene, so dass die projizierten Stromlinien im frontalen Mittelschnitt gerade in Richtung Ventrikelspitze zeigen. Eine Verzweigung in die Ventrikelspitze kommt aufgrund der in Kapitel 6.2 beschriebenen Abweichungen zur realen Herzströmung nicht zustande.

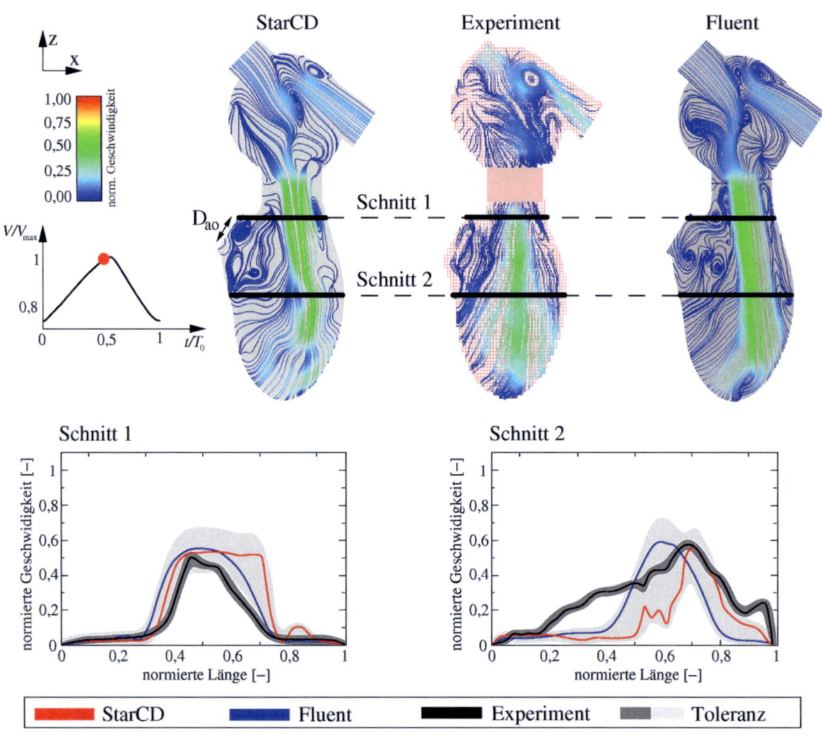

Abbildung 6.14: Ergebnisse der Phase 185

Zu diesem Zeitpunkt stimmen die maximalen Geschwindigkeiten in beiden Schnitten sehr gut überein. Wie bereits in Phase 105 erkennbar, fächert die Strömung im Experiment stärker auf als in den Simulationen. Ein möglicher Grund ist der stromab getragene Klappen- bzw. Segmentierungseinfluss. Die simulierten Geschwindigkeitsprofile sind aufgrund der unterschiedlichen Netztopologien und Klappenflächen leicht zueinander verschoben.

Phase 285

Im Verlauf der Systole ($t/T_0 = 0,79$) wird das Blut durch die Aortenklappe ausgeworfen. Die Analyse der dreidimensionalen Strömungsstruktur zeigt deutlich, dass die Energie der Wirbel zwar abnimmt, die Strukturen jedoch über das Ende der Systole im Ventrikel verbleiben und so den Einströmvorgang der Diastole beeinflussen (Abb. 6.7, rechts). In dieser Phase bildet die StarCD-Lösung das Experiment nahezu identisch ab, in der Fluent-Lösung sind die Geschwindigkeiten in der Strömung noch etwas höher.

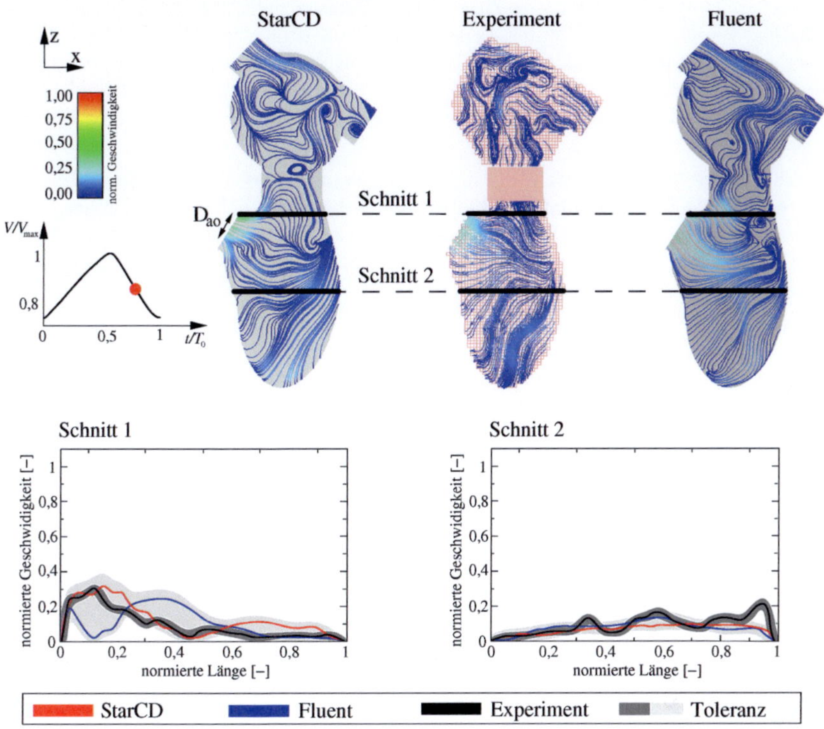

Abbildung 6.15: Ergebnisse der Phase 285

6.4   Bewertung

Die ausgewerteten Strömungsbilder und Geschwindigkeitsprofile zeigen über weite Bereiche eine sehr gute Übereinstimmung zwischen Simulation und Experiment. Die Abweichungen lassen sich auf viele Einflussfaktoren zurückführen, die sich trotz der Komplexität des Experiments bzw. der Simulationen etwa folgendermaßen differenzieren lassen.

- Aufgrund der gebogenen Zuläufe des Vorhofs entsteht im Experiment eine Sekundärströmung, die in den Ventrikel hineingetragen wird. Deren Erfassung war mit den zur Verfügung stehenden Mitteln messtechnisch unmöglich und konnte daher nicht im Simulationsmodell implementiert werden.
- Messartefakte im Adapterbereich führten zu einer ungenauen Segmentierung und somit zu leichten Abweichungen der abgeleiteten Ventrikelgeometrien.

- Die Unterschiede zwischen den Simulationsergebnissen resultieren aus der Umstellung auf unstrukturierte Volumennetze und dem damit verbundenen Wechsel des Softwarepakets.

Die Anforderungen an eine auflagefreie Bewegung des Ventrikels wurden mit einer VAD-Pumpe erfolgreich umgesetzt. Das Ziel, die reale Herzströmung mit dem Experiment abzubilden, wurde jedoch nur teilweise erreicht, da die Leistung der Pumpe zur Abbildung einer gesunden Ejektionsfraktion nicht ausreicht. Des Weiteren verursachte der Ventrikeleinbau ein Abknicken des Ventrikelsacks, was die Strömung stark verkomplizierte und so die für gesunde Herzen charakteristische Wirbelausbreitung nur zu Beginn der Diastole erkennbar war.

Durch kleinere Modifikationen wird es mit diesem Versuchsaufbau dennoch möglich sein, die reale Herzströmung zukünftig datailiert und hochauflösend abzubilden und zu analysieren. Im Gegensatz zur MRT-Flussvalidierung [64] ist das Experiment neben der siginifikant höheren Auflösung jederzeit reproduzierbar und zudem in der Lage, Paramterstudien durchzuführen.

Mit den hervorragenden Ergebnissen des qualitativen und quantitativen Vergleichs zwischen dem Experiment und den Simulationen gilt zum einen das KaHMo^{MRT} als abschließend validiert und zum anderen die Umstellung des KaHMo^{MRT} auf ein neues Softwarepaket als erfolgreich durchgeführt.

7 Ergebnisse des Referenzdatensatzes B001

Die anhand des Validierungsexperiments erfolgreich durchgeführte Softwareumstellung von StarCD auf Fluent wird im folgenden Kapitel auf den anatomischen Referenzdatensatz B001 angewendet. Der Fokus liegt dabei auf der Einflussuntersuchung der nun erweiterten Vorhofgeometrie. Dazu wird der Datensatz mit beiden Softwarepaketen simuliert, um anschließend die Ergebnisse sowohl qualitativ als auch quantitativ vergleichen zu können.

7.1 Quantitative Erfassung der Ventrikelströmung

7.1.1 Volumenverlauf und pV-Diagramm

Die jeweiligen Volumenverläufe (Abb. 7.1) von Vorhof (inklusive Lungenvenen) und Ventrikel verdeutlichen deren unterschiedliche Funktionen im Herzzyklus.

Während der ventrikulären Ausströmphase in die Aorta (t/T_0=0, 42-0, 76) bewegt sich die Ventilebene (siehe 2.1.1) in Richtung Herzspitze. Dieser Vorgang und das nachfließende Blut aus den Lungenvenen bewirken eine Zunahme des Vorhofvolumens.

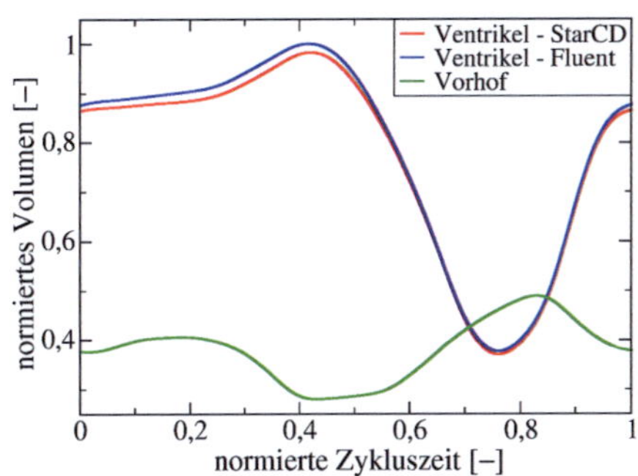

Abbildung 7.1: Volumenverläufe von Vorhof und Ventrikel (B001)

Der rasche Anstieg des Ventrikelvolumens kennzeichnet den Beginn der Diastole zum Zeitpunkt t/T_0=0, 76. Da anfangs der Volumenstrom (Abb.7.2) aufgrund des hohen Druckgradienten zwischen Vorhof und Ventrikel sehr hoch ist, erreicht letzterer bereits nach 30% der diastolischen Zykluszeit etwa 80% seines maximalen Volumens [121]. Auch das

Volumen des depolarisierten Vorhofs nimmt zunächst noch zu, erreicht sein Maximum und nimmt mit abschwächendem Druckgradienten langsam ab.

In der folgenden Plateauphase (t/T_0=0, 02-0, 22) sind Vorhof- und Ventrikeldruck nahezu ausgeglichen, die Änderungen in den Volumina sind gering. Da die Erregung des Vorhofs vor der des Ventrikels einsetzt (siehe 2.1.3), wird zum Ende des Einströmvorgangs zusätzliches Blut in die große Herzkammer gedrückt. Dadurch erreichen der Vorhof sein minimales und der Ventrikel sein maximales Volumen.

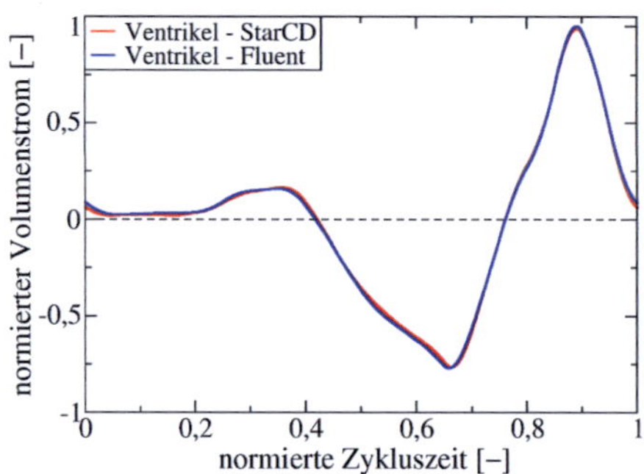

Abbildung 7.2: Volumenstrom (B001)

Während der Diastole und zum Ende der Systole ist ein geringer Unterschied zwischen dem StarCD- und dem Fluent-Volumen erkennbar, der sich auf die Oberflächenmodellierung zurückführen lässt. Während es mit der Softwareumstellung möglich wurde, die gesamte Ventrikeloberfläche abzubilden, vernachlässigt die semiautomatische Vernetzungsmethode unter StarCD die Information zwischen Klappenebene und Basis des Ventrikelsacks. Dadurch kommt es bei diesem Modell zu einer geringfügigen Volumenminimierung.

In Abbildung 7.3 ist für beide Modellvarianten das Volumen über den Druck aufgetragen. Die integrale Fläche entspricht der Arbeit, die das Herz jeden Zyklus aufbringen muss, um die entsprechende Menge Blut in den Kreislauf zu pumpen.

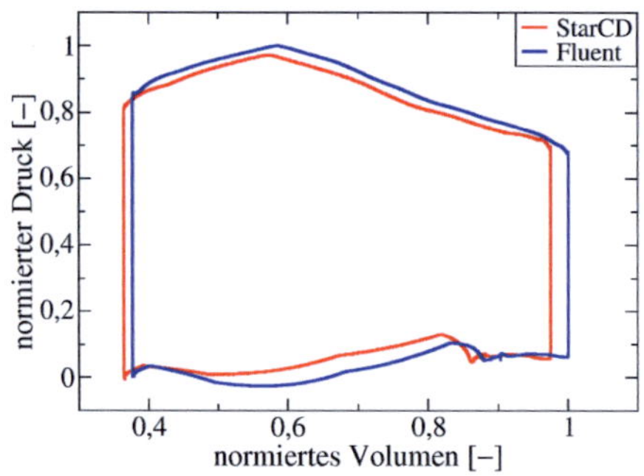

Abbildung 7.3: Druck-Volumen-Diagramm (B001)

Sie ist ein entscheidendes Maß für die Aktivität des Herzens und spielt demnach bei der Beurteilung von Krankheitsfällen eine große Rolle. Die bereits angesprochene Diskrepanz der beiden Modelle in den Volumina wird auf der Abszisse erkenntlich. Die Abweichungen im Druck sind auf die unterschiedlichen Simulationsmodelle zurückzuführen.

7.1.2   Strömungsprofil durch die Herzklappen

Die aus der Simulation erhaltenen mittleren Geschwindigkeiten durch die Mitralklappen-fläche (links) bzw. Aortenklappenfläche (rechts) sind in Abbildung 7.4 über einen Herzzy-klus aufgetragen. Den Profilen lassen sich die gefundenen Charakteristika von Ventrikel- und Vorhofbewegung leicht zuordnen.

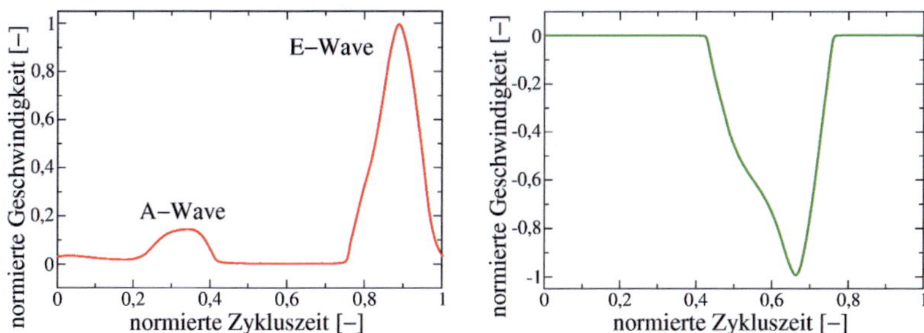

Abbildung 7.4: Mittl. Geschwindigkeitsprofil an Mitral- (links) und Aortenklappe (rechts)

Während der Diastole ($\bar{v}_{max_{dia}}$=0, 78 m/s) verhält sich die Strömung nach einem dreipha-sigen Muster mit zwei charakteristischen Geschwindigkeitsmaxima [121]:

- **E-wave**: Einströmphase zu Beginn der Diastole
- **A-wave**: Vorhofkontraktion zum Ende der Diastole

Zwischen den beiden Maxima geht die Geschwindigkeit auf einen sehr niedrigen Betrag zurück. Diese Phase (t/T_0=0, 02-0, 22) kennzeichnet das Volumenplateau nach Abbildung 7.1.

Das Geschwindigkeitsprofil während der Systole (t/T_0=0, 42-0, 76) ist entsprechend der Strömungsrichtung durch die Aorta negativ aufgetragen ($\bar{v}_{max_{sys}}$=1, 06 m/s).

7.1.3   Kennzahlen und Parameter

Tabelle 7.1 fasst neben den patientenspezifischen physiologischen und anatomischen An-gaben auch die aus den Simulationen mit StarCD und Fluent resultierenden Ergebnisse zusammen. Die Herleitung der herzspezifischen Kennzahlen findet sich in Kapitel 8, die gemittelten Größen ergeben sich entsprechend der in Kapitel 3.4 eingeführten Formeln. Die Analyse hinsichtlich der Eignung von B001 als Referenzdatensatz wird anhand des StarCD-Ergebnisses vorgenommen, da dieses bei der anschließenden klinischen Anwen-dung zum Einsatz kommt.

Referenzdatensatz B001				
patientenspezifische Angaben		Einheit	StarCD	Fluent
Geschlecht	-	-	m	
Alter	-	-	37	
Größe	-	m	1,84	
Gewicht	-	kg	70	
Krankheitsbild	-	-	-	
NYHA	-	-	-	
Operationsart	-	-	-	
Aktueller Zustand	-	-	-	
Blutdruck	-	$mmHg$	115/80	
Hämatokrit	Hkt	%	44	
zeitliche Angaben		Einheit	StarCD	Fluent
Puls	HR	$1/min$	58	
Zykluszeit	T_0	s	1,034	
Diastolische Zeit	t_{dia}	s	0,681	
Systolische Zeit	t_{sys}	s	0,353	
geometrische Angaben		Einheit	StarCD	Fluent
Schlagvolumen	V_S	ml	109,47	111,49
Enddiast. Volumen	V_{dia}	ml	176,33	178,84
Endsyst. Volumen	V_{sys}	ml	66,86	67,35
Mitralklappenfläche	A_{mi}	mm^2	521,08	521,92
Aortenklappenfläche	A_{ao}	mm^2	406,84	406,9
Mitralklappendurchmesser	D_{mi}	mm	25,76	25,78
Aortenklappendurchmesser	D_{ao}	mm	22,76	22,76
Strömungsgrößen		Einheit	StarCD	Fluent
Mittl. Mitralgeschwindigkeit	$\bar{v}_{dia}$	m/s	0,31	0,31
Mittl. Aortengeschwindigkeit	$\bar{v}_{sys}$	m/s	0,76	0,78
Mittl. effektive Viskosität	$\bar{\mu}_{eff}$	g/ms	5,04	4,81
Dichte	ρ	kg/m^3	1008	1008
Kennzahlen		Einheit	StarCD	Fluent
Mittlere Reynoldszahl	Re	−	2181	2339
Mittlere Womersleyzahl	Wo	−	48,40	50,60
Durchmischungsgrad	M_1	%	37,60	37,50
Durchmischungsgrad	M_4	%	3,70	2,10
Verweilzeit (20% Restblut)	t_b	s	1,23	1,19
pV-Arbeit	A_p	Nm	1,46	1,57
Leistung	P	W	1,41	1,51
Ejektionsfraktion	EF	%	62	62,3
Dimensionslose Pumparbeit	O	−	$3,25 \cdot 10^6$	$3,48 \cdot 10^6$
Cardiac Output	CO	l/min	6,35	6,47

Tabelle 7.1: Quantitative Erfassung des Referenzdatensatzes B001

Der hier untersuchte Datensatz entstammt einem männlichen Probanden mit durchschnittlicher Körpergröße und normalem Gewicht. Es sind weder pathologische Befunde bekannt noch lässt sich der Proband in eine Risikogruppe einordnen.

Das enddiastolische Volumen des Ventrikels liegt mit V_{dia}=176, 33 ml im oberen Normbereich [62]. Dies wird jedoch mit einem hohen Schlagvolumen von V_S=109, 47 ml ausgeglichen, was in einer für gesunde Herzen normalen Ejektionsfraktion von 62 % resultiert. Der Mischungsparameter gibt an, wie lange das Blut im Ventrikel verbleibt und ist somit ein Indikator für eventuelle Thrombenbildung. Mit M_1=37, 6 % und M_4=3, 7 % (Restblut nach 1 bzw. 4 Zyklen) weist B001 eine sehr gute Durchmischung auf. Die vom Ventrikel absolvierte Druck-Volumenarbeit entspricht mit A_P=1, 46 Nm dem in der Literatur angegebenen Wert von A_P=1, 4 Nm [111]. Auch die strömungsmechanischen Kennzahlen sowie die dimensionslose Pumparbeit O (siehe 8) haben die erwartete Größenordnung. Der Datensatz B001 entspricht folglich in allen relevanten physiologischen und anatomischen Bereichen dem eines gesunden männlichen Herzen und ist demnach als Referenz für den Vergleich mit pathologischen Fällen geeignet.

Die leichten Unterschiede in den ermittelten dimensionslosen Kennzahlen zwischen den Simulationen mit StarCD und Fluent lassen sich entweder auf die Oberflächenmodellierung oder auf die verwendeten Modelle zurückführen. Wie bereits im oberen Abschnitt erläutert, hat sich die Oberflächeninformation beim Fluent-Modell im unteren Klappenbereich verbessert, zudem wird der Ventrikel aufgrund der optimierten Vernetzung in der Simulation besser durchmischt (Abb. 8.9).

Das Fluent-Modell entspricht somit den Anforderungen an das KaHMo^{MRT} und kann zukünftig auf alle physiologischen Datensätze angewendet werden. Die erfolgreiche Softwareumstellung anhand des Validierungsexperiments wurde mit den Referenzdatensatz bestätigt.

7.2 Interpretation der dreidimensionalen Strömungsstruktur

Die visuelle Analyse der Strömungsstruktur erfolgt zu fünf signifikanten Zeitpunkten im Herzzyklus mit Hilfe von projizierten Stromlinien auf der Mittelebene durch den Ventrikel bzw. Vorhof, dreidimensionalen Stromlinien (v_{max}=1, 2 m/s) sowie mit den strömungscharakterisierenden $\lambda2$-Isoflächen ($\lambda2$=-1000). Für die Diskussion sind die Ergebnisse beider Softwarepakete direkt gegenüber gestellt, die Ebenen sind identisch gewählt.

7.2.1 Analyse der Vorhofströmung

Der Vorhof übernimmt während des Herzzyklus unterschiedliche Funktionen, die im Gesamtsystem Herz von entscheidender Bedeutung sind:

- **Speichern** : Aufnahme des nachströmenden Bluts aus den Lungenvenen
- **Lenken**   : Richtungsvorgabe der Strömung in den Ventrikel
- **Pumpen**   : Vorhofkontraktion am Ende der Diastole

Im Rahmen dieser Arbeit ist es gelungen, das KaHMo^{MRT} in der StarCD-Version um den Vorhof mit 2 Zuläufen und in der Fluent-Version um den Vorhof anatomisch korrekt mit 4

Zuläufen zu ergänzen. Im Folgenden wird die Strömung zu den fünf gewählten Zeitpunkten erläutert und auf die unterschiedlichen Funktionen hingewiesen.

Zu Beginn der Diastole strömt das Blut durch die Lungenvenen in den Vorhof und wird von dort direkt in den Ventrikel geleitet (Abb. 7.6). Das resultierende Strömungsbild ist in beiden Modellen von der starken Beschleunigung geprägt und im Bereich der Mitralklappe nahezu identisch. An den Übergängen zwischen Lungenvenen und Vorhof löst die Strömung je nach Eindringwinkel und Fluidgeschwindigkeit unterschiedlich stark ab. Die dadurch verursachten Ringwirbel werden mit der Strömung ins Vorhofinnere getragen.

Der Winkel zwischen dem Vorhof und den angrenzenden Lungenvenen ist maßgeblich für die Ausbildung der nun folgenden Strömungsstruktur verantwortlich. Während die Strömung aus den oberen Lungenvenen bereits in Richtung Mitralklappe gerichtet ist, zeigt die der unteren Lungenvenen auf die obere Vorhofwand. Daraus resultiert nach Abbildung 7.7 eine Drehbewegung in Uhrzeigersinn, die das Blut in den Ventrikel **lenkt**.

Die Ablösewirbel verdrehen sich im weiteren Verlauf der Diastole ineinander, brechen dabei auf und zerfallen. Die Vorzugsrichtung der Rotation bleibt dennoch bestehen. In dieser Phase der Diastole hat sich die Geschwindigkeit im Vorhof deutlich verringert, so dass es zu keiner weiteren Strömungsablösung an den Übergängen kommt (Abb. 7.8).

Die Diastole schließt mit der Vorhofkontraktion ab, die zusätzliches Blut in den Ventrikel **pumpt** und diesen auf sein enddiastolisches Volumen bringt (Abb. 7.9). Da die große Herzkammer zu diesem Zeitpunkt bereits sehr viel Blut enthält und die Lungenvenen keine Venenklappen besitzen, wird ein Teil des Fluids zurück in die Lungenvenen gedrückt während die Rotation in der Strömung weiterhin erkennbar ist. Dies ist insbesondere in der Darstellung der dreidimensionalen Stromlinien zu erkennen. Im Vergleich zwischen den beiden Modellen fällt auf, dass die Einströmrichtung in den Ventrikel beim Vorhof mit vier Zuläufen etwas flacher ausfällt.

In Abbildung 7.10 ist die Vorhofströmung während der Systole abgebildet. Da das Blut bei geschlossener Mitralklappe mit geringer Geschwindigkeit durch die Lungenvenen nachfließt und im Vorhof **gespeichert** wird, vergrößert sich dessen Volumen. Auch in dieser Phase ist das Strömungsbild von der Dominanz der unteren Lungenvenen geprägt und damit die im Uhrzeigersinn rotierende Vorzugsrichtung zu erkennen. Unterschiede zwischen den beiden Modellen zeigen sich lediglich in Lage und Ausdehnung des Wirbels.

Die hier beschriebene Strömungsstruktur stimmt sehr gut mit den in Abbildung 7.5 während der Systole ausgewerteten *in vivo* MRT-Stromlinien überein.

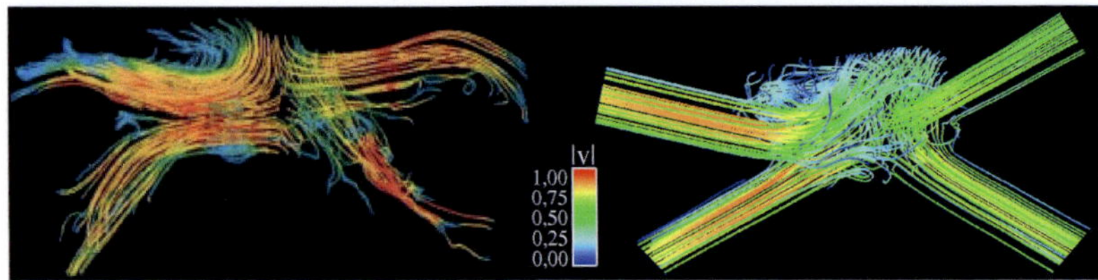

Abbildung 7.5: MRT-Aufnahme [31] (links) und Simulation (rechts) der Vorhofströmung ($v_{max}=0,4\,m/s$)

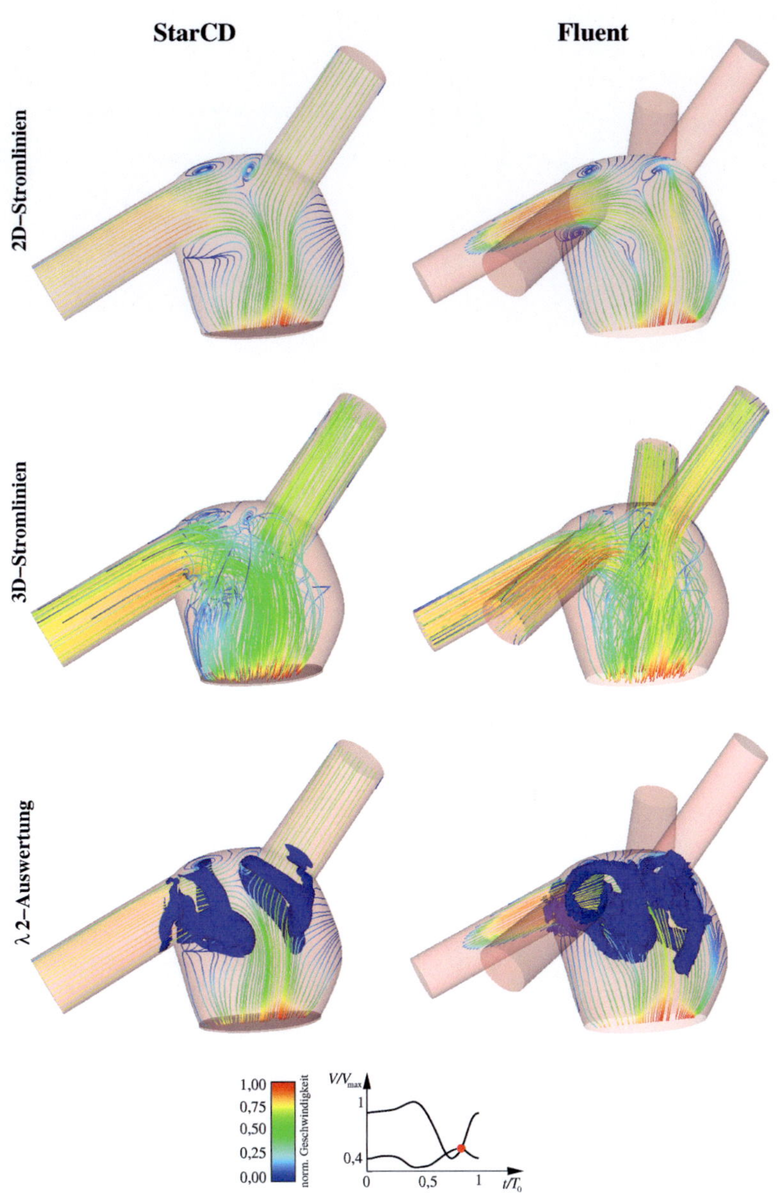

Abbildung 7.6: Strömungsstruktur im Vorhof (Beginn der raschen Füllung)

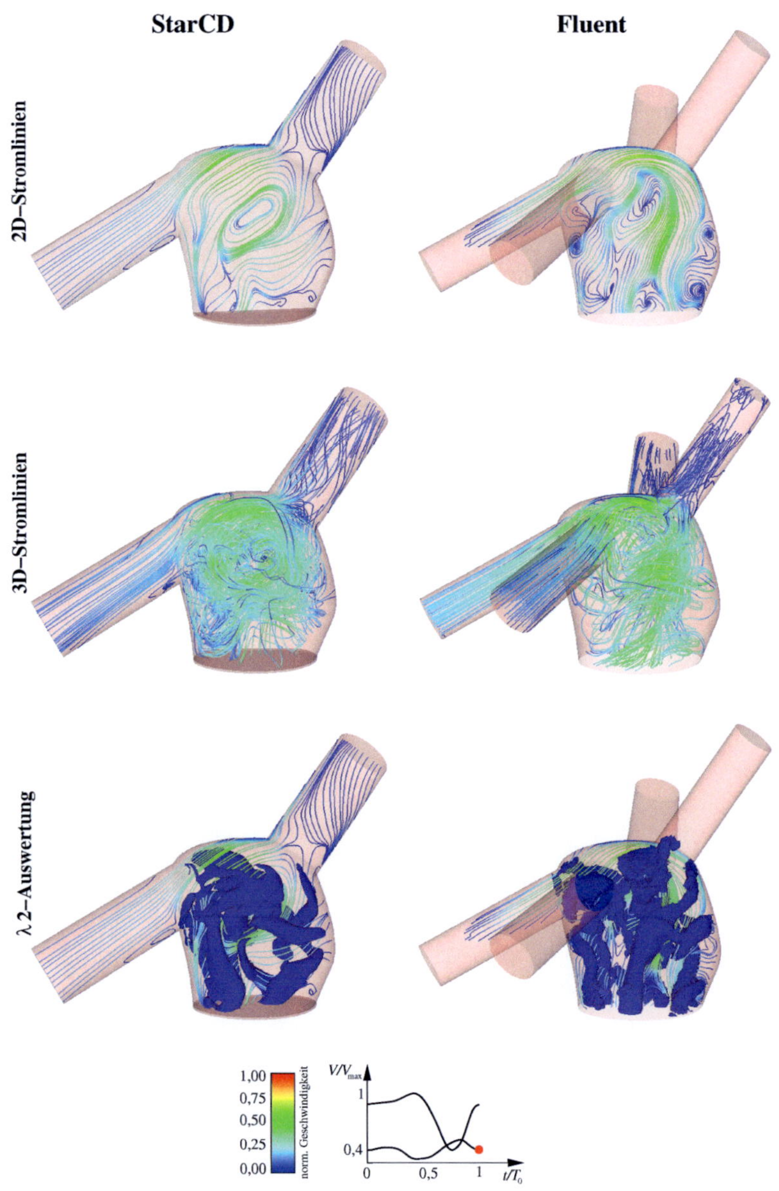

Abbildung 7.7: Strömungsstruktur im Vorhof (Ende der raschen Füllung)

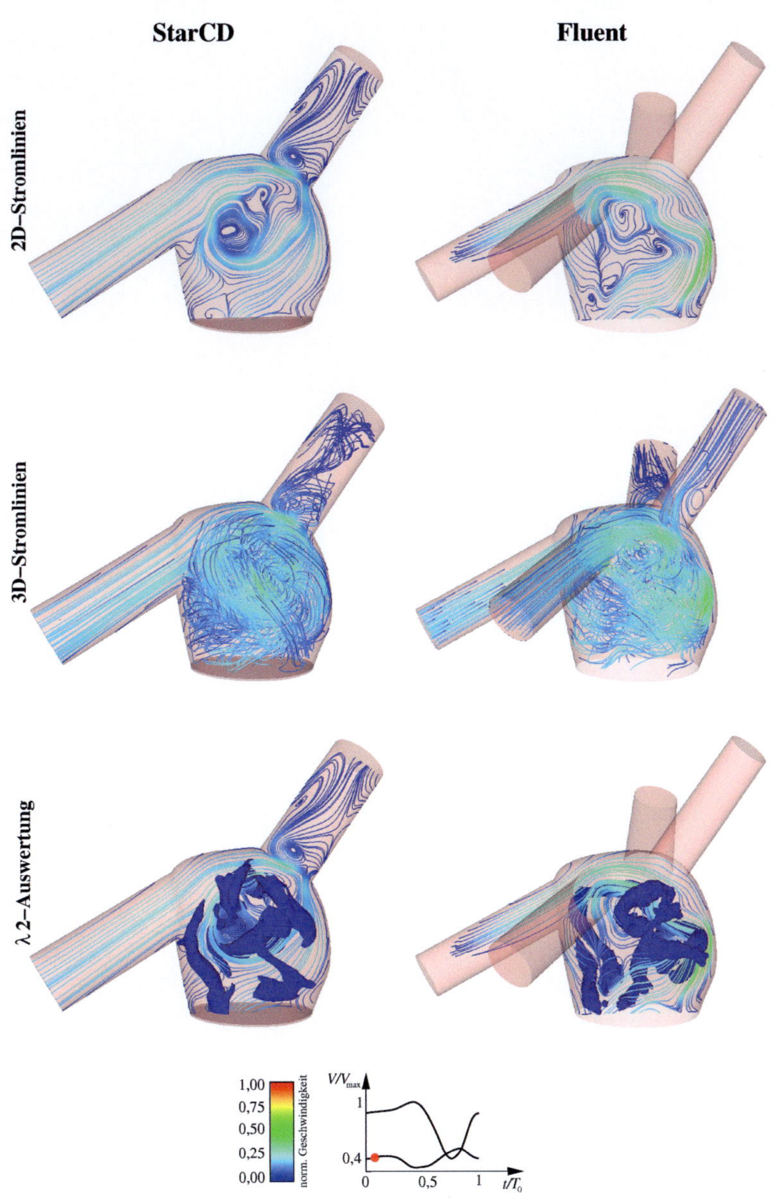

Abbildung 7.8: Strömungsstruktur im Vorhof (Plateauphase)

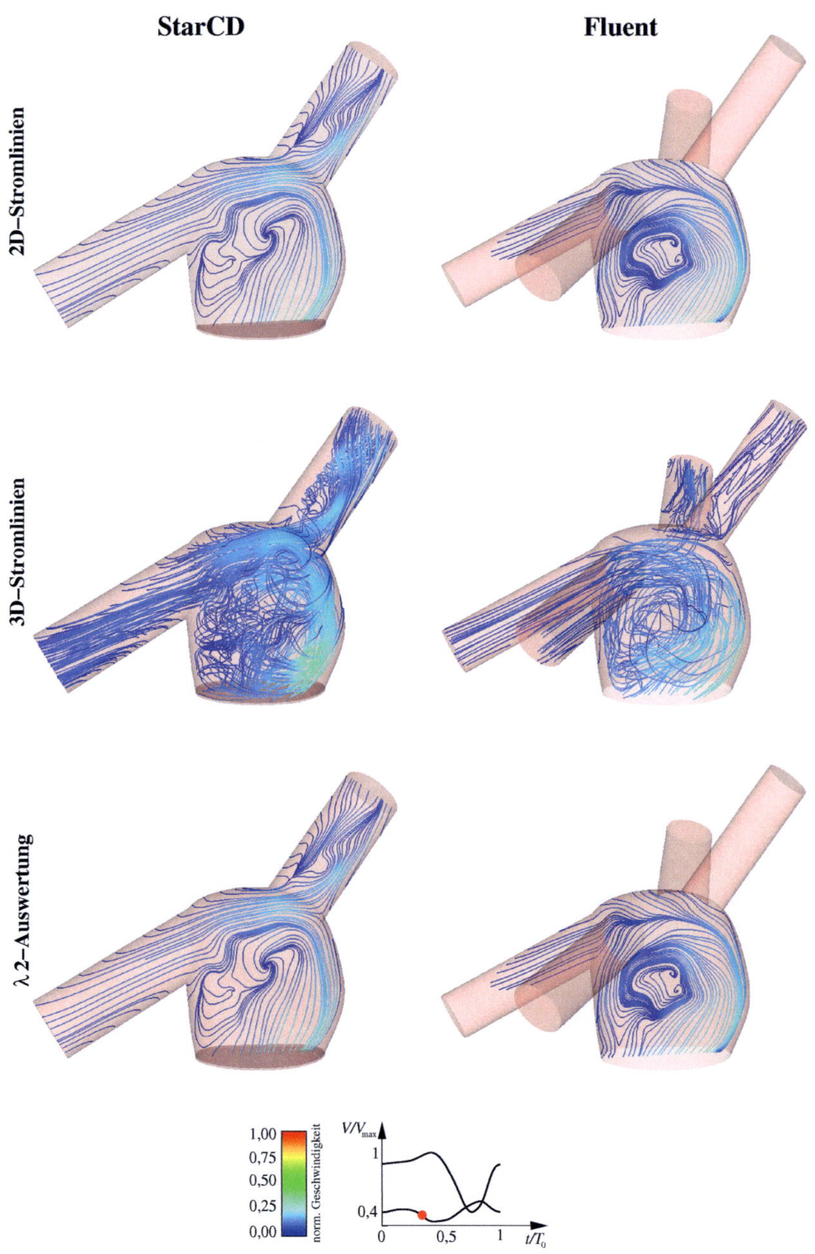

Abbildung 7.9: Strömungsstruktur im Vorhof (Vorhofkontraktion)

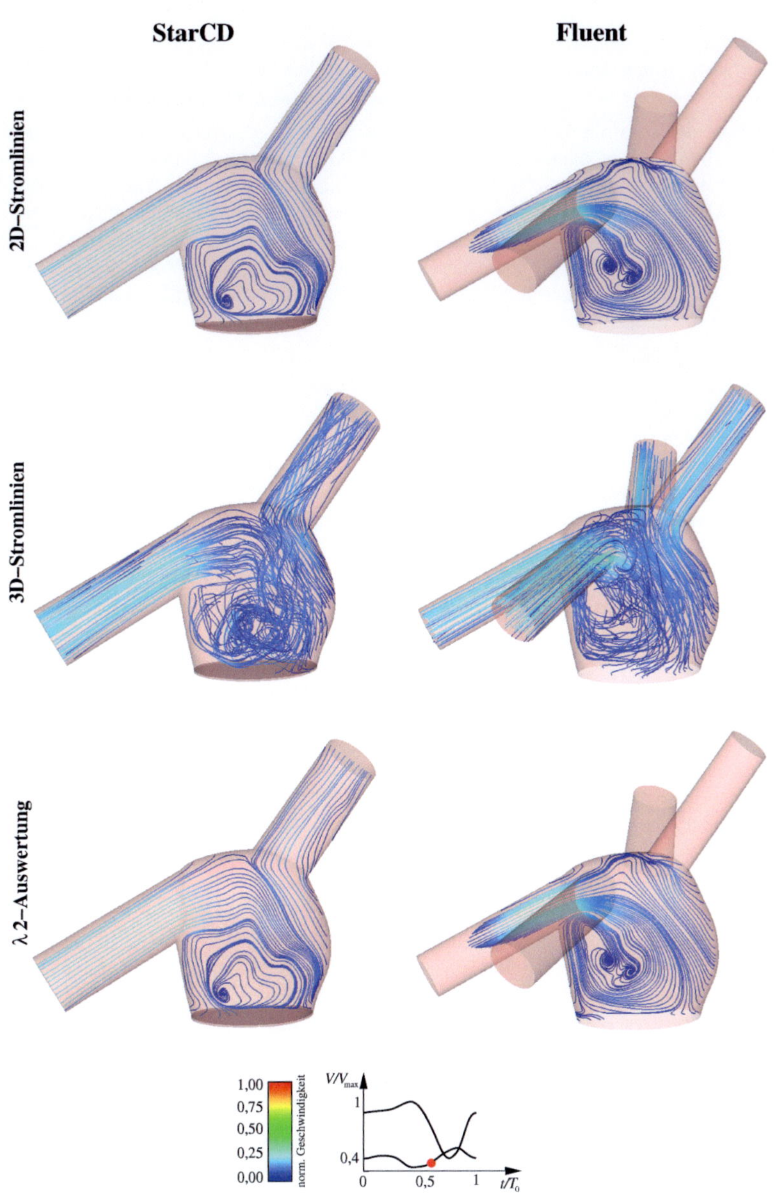

Abbildung 7.10: Strömungsstruktur im Vorhof (mittlere Ausströmphase)

7.2.2 Analyse der Ventrikelströmung

Die Interpretation der Strömungsstruktur im Ventrikel erfolgt zu den gleichen Zeitpunkten wie die der Vorhofströmung. Dies ermöglicht eine ganzheitliche Betrachtung des linken Herzens sowie die Untersuchung des Strömungseinflusses von Vorhof auf Ventrikel.

Zu Beginn der Diastole bildet sich als Ausgleichsbewegung zwischen dem einströmenden Jet und dem im Ventrikel enthaltenen Restblut ein torusförmiger Ringwirbel aus, der aufgrund der Ventrikelgeometrie aortenseitig stärker ausgeprägt ist (Abb. 7.11). Wie bereits in Abschnitt 7.1.1 beschrieben, ist diese Phase durch eine schnelle Ventrikelfüllung geprägt, bei der das Blut aus den Lungenvenen direkt in die große Herzkammer geleitet wird. Da die in Abbildung 7.6 dargestellten Ringwirbel im Vorhof noch keinen Einfluss auf die im Ventrikel entstehende Strömungsstruktur haben, ist diese im StarCD- und Fluent-Model nahezu identisch.

Der weitere Verlauf der Füllphase ist durch das asynchrone Anwachsen der linken Wirbelseite geprägt. Gleichzeitig wird die rechte Seite stark geschwächt und an die Ventrikelwand gedrängt, während die bereits zerfallenen Strukturen der Vorhofringwirbel in den Ventrikel nachrücken. Sie sind in ihrer Intensität jedoch so schwach, dass sie die globale Strömungsstruktur nicht beeinflussen (Abb. 7.12). Leichtere Unterschiede zwischen den beiden Modellen treten an der Ventrikelwand und in der Herzspitze auf. Der Bereich der auftretenden Maximalgeschwindigkeit ist in der StarCD-Lösung etwas größer, bei der Fluent-Lösung drängt die dominierende Seite des Ringwirbels weiter in die Ventrikelspitze vor. Beides lässt sich auf die unterschiedliche Netztopologie zurückführen.

In der Plateauphase (Abb. 7.13) verliert die Strömung aufgrund des ausgeglichenen Drucks zwischen Vorhof und Ventrikel an Energie, der weitere Strömungsverlauf ist daher maßgeblich durch die Trägheit des Fluids geprägt. Zu diesem Zeitpunkt ist der rechte Teil des Ringwirbels entlang der Ventrikelwand in Richtung Herzspitze und die linke Seite in die Ventrikelmitte gewandert, wodurch es zu eine Kippung in die Ventrikelspitze kommt. Gleichzeitig entsteht reibungsinduziert eine Wirbelwalze im Aortenkanal. Hierbei zeigen sich Detailunterschiede zwischen den beiden Modellen. Im weiteren Verlauf beginnt die Wirbelstruktur unter Beibehaltung der energetisch günstigen Vorzugsdrehrichtung zu zerfallen. In der anschließenden Vorhofkontraktion wird noch einmal zusätzliches Blut in den Ventrikel gepumpt. Da dieses durch die Rotationsbewegung im Vorhof schräg einströmt, bekommt die Strömungsstruktur einen zusätzlichen Impuls wodurch sich eine für den Ausströmvorgang günstige Spiralbewegung einstellt (Abb. 7.14).

Die Strömung in der mittleren Systole ist in Abbildung 7.15 dargestellt und stimmt über weite Bereiche in beiden Modellen überein. Deutlich ist auch die Auswaschung der Ventrikelspitze zu erkennen. Im Gegensatz zum Validierungsexperiment bleiben aufgrund der guten Ejektionsfraktion keine größeren Wirbelstrukturen im Ventrikel zurück, so dass der Einströmvorgang im Folgezyklus nahezu unbeeinflusst ist.

Die Analyse der Strömungsstrukturen verdeutlicht, dass der Vorhof eine entscheidende Funktion im Gesamtsystem Herz einnimmt, die auch aus strömungsmechanischen Gesichtspunkten nicht vernachlässigt werden kann. Die Gegenüberstellung der Simulationsergebnisse mit dem StarCD-Modell und dem Fluent-Modell zeigt jedoch auch, dass die Anzahl der Zuläufe weniger von Bedeutung ist, als der Winkel, mit dem die Lungenvenen in den Vorhof münden. Mit der Weiterentwicklung des Vorhofs wurde ein weiteres Teilziel auf dem Weg zur realen Abbildung der kardialen Herzströmung erreicht.

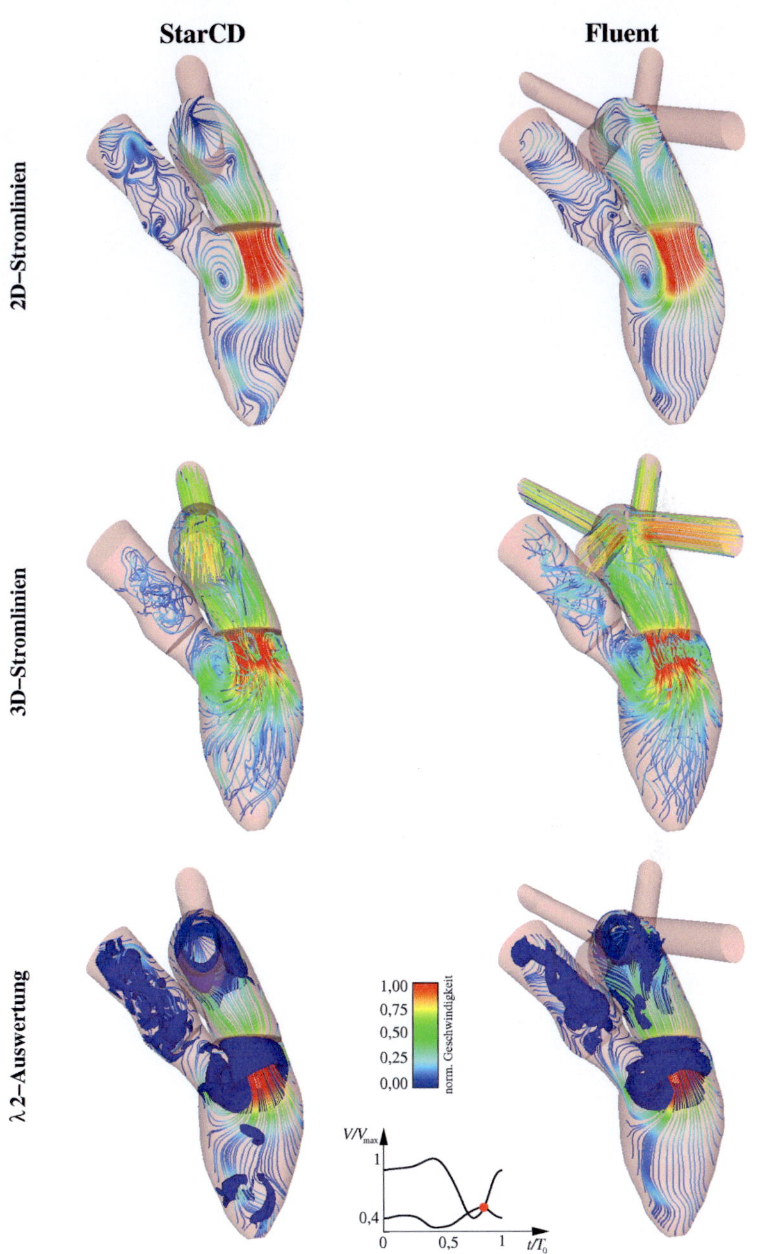

Abbildung 7.11: Strömungsstruktur im Ventrikel (Beginn der raschen Füllung)

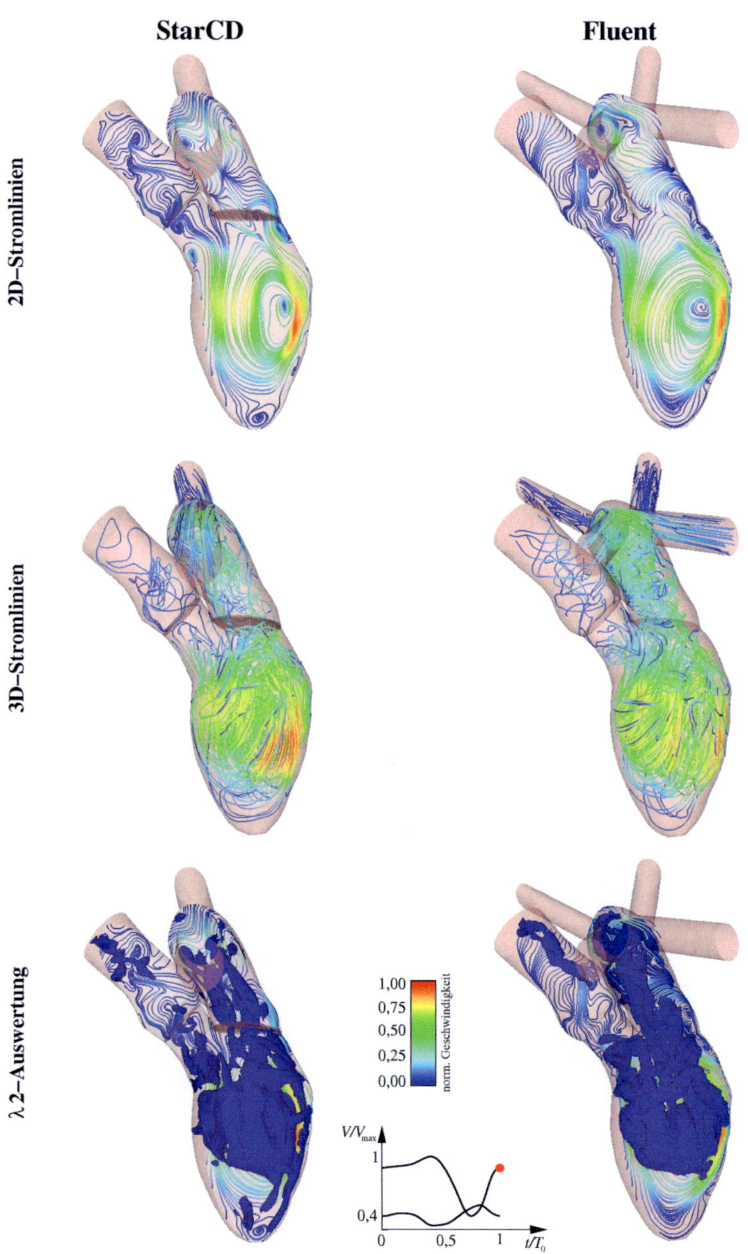

Abbildung 7.12: Strömungsstruktur im Ventrikel (Ende der raschen Füllung)

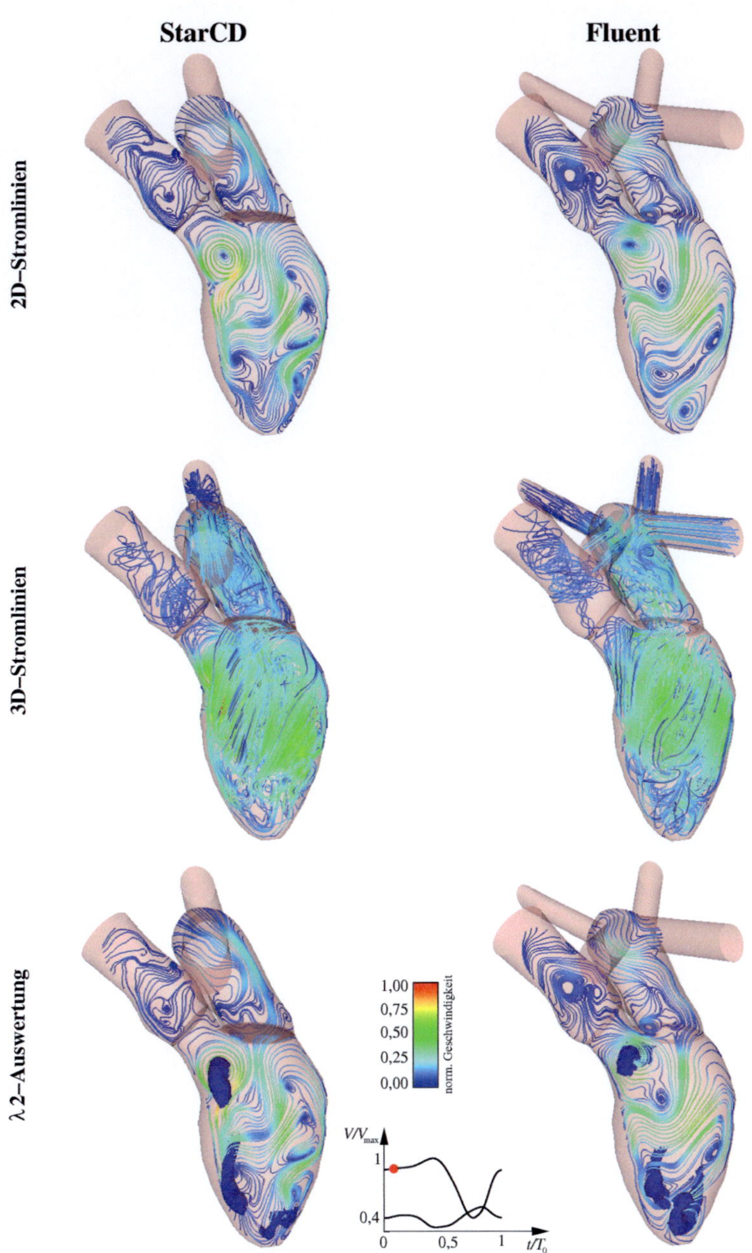

Abbildung 7.13: Strömungsstruktur im Ventrikel (Plateauphase)

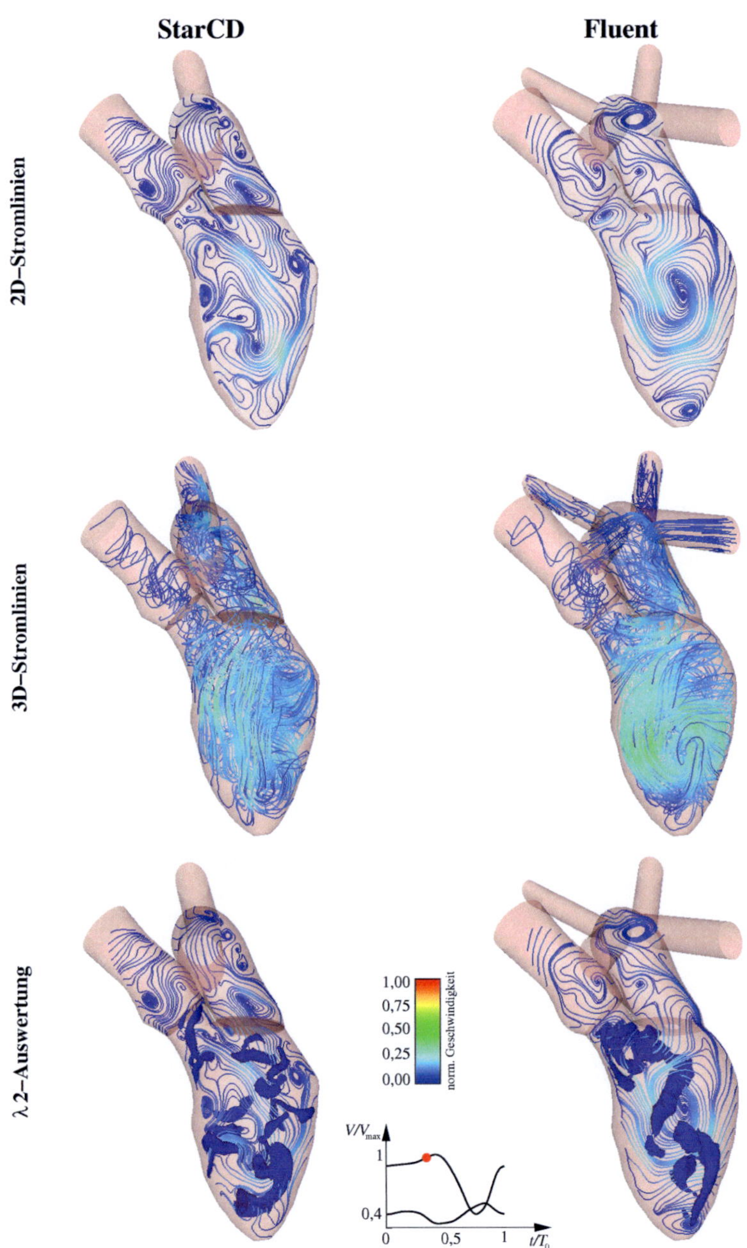

Abbildung 7.14: Strömungsstruktur im Ventrikel (Vorhofkontraktion)

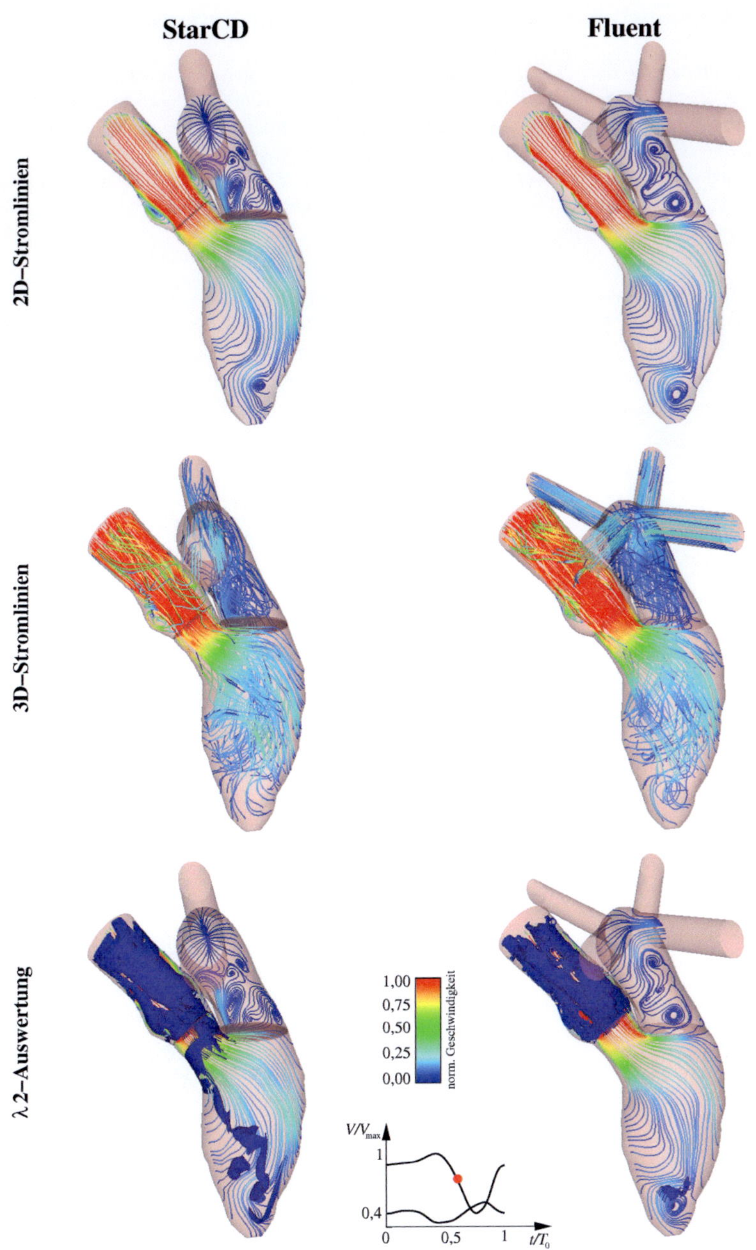

Abbildung 7.15: Strömungsstruktur im Ventrikel (mittlere Ausströmphase)

7.2.3   Schematische Darstellung der Strömungsstruktur

Unter Zuhilfenahme der Strömungsdarstellung im vorherigen Unterkapitel wird die dreidimensionale Strömungsstruktur in Ventrikel und Vorhof schematisch dargestellt. Wie bereits erwähnt, gibt der Vorhof durch seine Anatomie die Einströmrichtung in den Ventrikel während der Diastole vor. Die sich dort ausbildende Strömungsstruktur ist dann jedoch durch die Ventrikelgeometrie und die Trägheit des Fluids bestimmt. Aufgrund dessen lassen sich die Strukturen in der kleinen und großen Herzkammer getrennt voneinander beschreiben.

Der Beginn der Diastole ist durch die Jetströmung in den Ventrikel geprägt, die durch die aortenseitige Neigung des Vorhofs in Richtung der äußeren Ventrikelwand gelenkt wird. Als Ausgleichsbewegung zwischen schnellem und ruhendem Fluid entsteht ein Ringwirbel mit Fokus F1, der durch das größere Raumangebot aortenseitig stärker anwächst, während die rechte Seite gegen die äußere Ventrikelwand gedrückt wird (1).

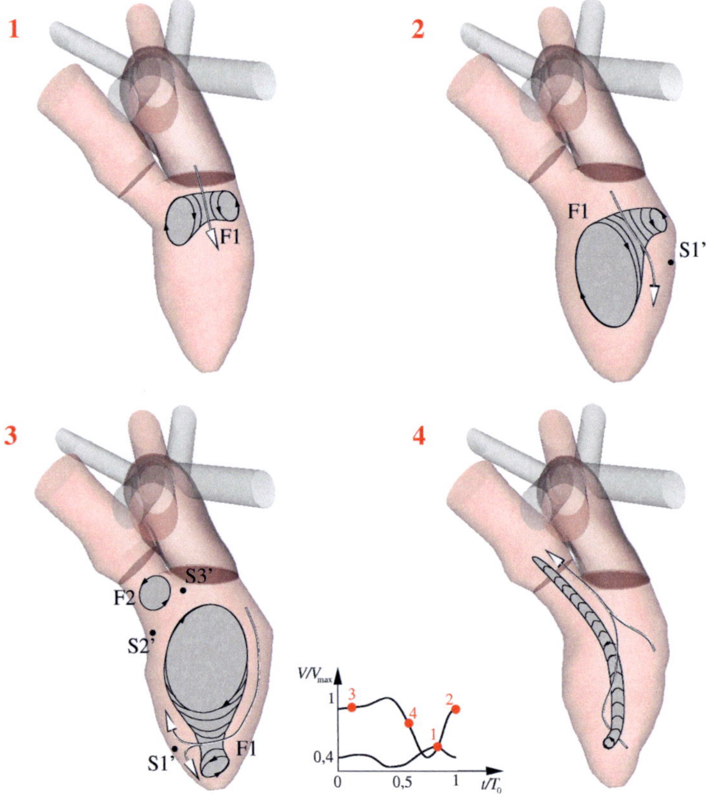

Abbildung 7.16: Schematische Darstellung Strömungsstruktur im Ventrikel

Im Weiteren Verlauf der Diastole breitet sich die dominante Seite des Ringwirbels im Ventrikel aus und nimmt nahezu den gesamte Fluidraum ein (2). Die unterdrückte rechte Seite gelangt über die Wand in die Ventrikelspitze, wodurch der entstandene Halbsattel S1' an die vordere Ventrikelwand wandert (3). Gleichzeitig bilden sich reibungsinduziert eine Wirbelwalze (F2) im Aortenkanal mit entsprechenden Halbsatteln (S2', S3') zwischen den Foki aus. Zu Beginn der Systole wird die Wirbelspirale, gefolgt von den restlichen Strukturen, vollständig ausgewaschen, so dass der Einströmvorgang des Folgezyklus im Gegensatz zum Validierungsexperiment nahezu ungestört ist.

Die hier beschriebene Strömungsstruktur ist insbesondere in der Fluent-Lösung gut zu erkennen. In der mit StarCD durchgeführten Simulation zerfällt die Strömungsstruktur etwas schneller, es stellt sich dennoch die energetisch günstige Drehrichtung in Uhrzeigersinn mit durchspülter Ventrikelspitze ein.

In Abbildung 7.17 sind die Strukturen der Vorhofströmung zusammenfassend dargestellt. Aufgrund des hohen Geschwindigkeitsgradienten zu Beginn der Diastole bilden sich modellabhängig zwei bzw. vier Ringwirbel an den Übergängen von den Lungenvenen in den Vorhof aus, deren Foki mit der Strömung ins Vorhofinnere getragen werden (1).

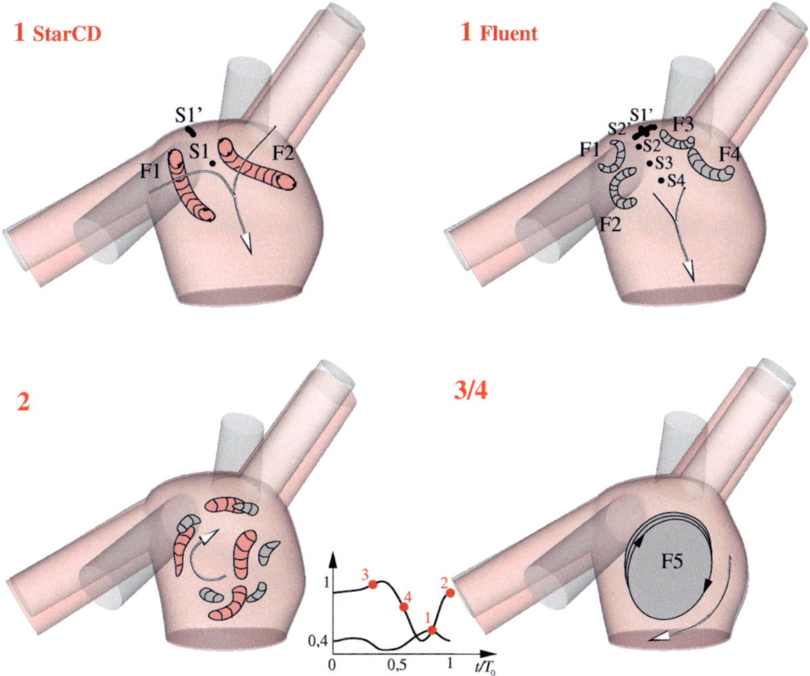

Abbildung 7.17: Schematische Darstellung Strömungsstruktur im Vorhof

In der StarCD-Lösung lässt sich dabei ein Sattelpunkt (S1) zwischen den gegenüberliegenden Foki lokalisieren, sowie eine an der Vorhofwand verlaufende Halbsattellinie (S1'). Durch die verdoppelte Anzahl an Lungenvenen verkompliziert sich die Strömungstopologie der Fluent-Lösung in dieser Phase. Entsprechend der Anzahl der Foki (F1, F2, F3, F4) ist je ein Sattelpunkt (S1 bzw. S3) zwischen den gegenüberliegenden Fokipaaren und einer in der Mitte der vier (S2) Foki zu erkennen. Des Weiteren bildet sich zu S1' eine zweite Halbsattellinie S2', die parallel zur Einströmrichtung an der Vorhofwand verläuft. Nach Abbildung 7.6 sind diese Unterschiede jedoch auf die Umgebung der Zuströmung aus den Lungenvenen beschränkt. Ihr Einfluss nimmt stromab in Richtung Mitralklappe schnell ab. Wie bereits erwähnt, sind die unterschiedlichen Mündungswinkel zwischen Lungenvenen und Vorhof von entscheidender Bedeutung für die folgende Ausbildung der Strömungsstruktur. Die Ringwirbel der unteren Übergänge legen sich über die der oberen, verdrehen ineinander und brechen auf (2). Dabei stellt sich eine Drehung in Uhrzeigersinn ein, der sich die auseinandergefallenen Strukturen unterordnen. Sowohl bei der anschließenden Vorhofkontraktion (3) als auch während der Systole (4) formiert sich die rotierende Strömung zu einem raumausfüllenden Wirbel (F5), der durch die Seitenwände des Vorhofs begrenzt ist, dort stehen bleibt und aufgrund des geringen Geschwindigkeitsgradienten nicht in den Ventrikel gespült wird.

Die in den vorherigen Abschnitten dargestellten Ergebnisse des Referenzdatensatzes B001 zeigen erstmals die strömungsmechanische Gesamtlösung des linken Herzens bestehend aus einem anatomisch korrekt abgeleiteten Vorhof und einem Ventrikel. Zukünftig gilt zu klären, welchen Einfluss die Trabekularisierung (Innenstruktur der Herzwand) auf die Strömungsstruktur hat. Mit der automatischen Netzerstellung aus dem Tomographen (siehe 8.3) wird es möglich sein, diese im KaHMo^{MRT} (Fluent) zu integrieren.

8 Das KaHMo in der klinischen Anwendung

Wie eingangs beschrieben, steht hinter dem KaHMo-Projekt die Motivation zur Simulation und Analyse der Blutströmung in gesunden und pathologischen Herzen, um ausgehend davon Parameter zu entwickeln, die den Erfolg einer Operation aus strömungsmechanischer Sicht bewerten. Nach erfolgreicher Modellumstellung und Validierung widmet sich dieses abschließende Kapitel der Integration des KaHMo^{MRT} in den klinischen Alltag. Die dabei zu berücksichtigen Teilaspekte sind in Abbildung 8.1 zusammengefasst dargestellt.

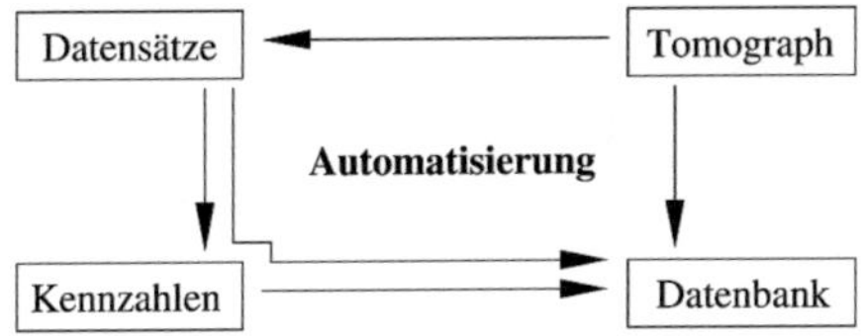

Abbildung 8.1: Konzept zur Integration des KaHMo^{MRT} in die klinische Anwendung

Grundvoraussetzung für den Einsatz des KaHMo^{MRT} ist, dass die im klinischen Alltag durchgeführten Standarduntersuchungen im *Tomographen* für die Simulation ausreichen. Zusätzlich erforderliche Angaben wie Blutdruck, Hämatokritwert oder Puls sind im Lastenheft [97] zusammengestellt. Zur Beurteilung des prae- und postoperativen Zustands dienen *Kennzahlen*, die geometrische, rheologische und strömungsmechanische Einflussgrößen beinhalten (siehe 8.2.2). Sie wurden anhand der bestehenden patientenspezifischen Datengrundlage entwickelt, müssen für die Akzeptanz in der Medizin jedoch durch eine Vielzahl weiterer *Datensätze* bestätigt werden. Daher erfordert es in erster Linie einer *Automatisierung* des KaHMo^{MRT}, um den Bearbeitungsaufwand eines Datensatzes von derzeit mehreren Wochen auf wenige Tage zu reduzieren. Ziel ist eine direkte Fluidraumsegmentierung im *Tomographen*, um diese der Simulation ohne weitere manuelle Bearbeitung vorzugeben (siehe 8.3). Für die Diskussion und Interpretation der erzielten Ergebnisse werden die gesamten patientenspezifischen Informationen von den Rohdaten bis zum Simulationsergebnis in einer *Datenbank* zusammengetragen.

8.1 Datensätze

Die für die Entwicklung von Kennzahlen bestehende Datengrundlage des linken Herzens entstand neben dieser Arbeit im Laufe mehrerer Dissertationen am Institut für Strömungslehre [21, 64, 95] und ist dort entsprechend beschrieben und analysiert.

8.1.1 Zuordnung der Datensätze

In Tabelle 8.1 sind die Datensätze bezüglich Aufnahmeort, Bezeichnung und Bearbeitung zusammengefasst. Der Datensatz F002 wurde erneut aufbreitet und ausgewertet [20], da die ursprünglichen Simulationsergebnisse nicht mehr dem aktuellen Stand des KaHMO^{MRT} entsprachen und somit nicht vollständig analysierbar waren. Die neu hinzugekommenen Ergebnisse der Datensätze B001, B002 und B003 (prae/post) sind in Kapitel 7, [113] sowie im folgenden Abschnitt 8.1.2 ausführlich beschrieben.

Datensätze:			
Bezeichnung	Herkunft	gesund/erkrankt	Referenz
F001	Freiburg	gesund	[64]
F002	Freiburg	prae/post	[21, 20]
F003	Freiburg	prae/post/4Monate	[95]
L001	Leipzig	gesund	[50]
B001	Bonn	gesund	Kap. 7
B002	Bonn	sportiv	[113]
B003	Bonn	prae/post	Kap. 8.1.2

Tabelle 8.1: Bezeichnung, Herkunft und Referenzen der Datensätze

Da die Umstellung des KaHMo^{MRT} auf unstrukturierte Netze parallel zu den erhobenen Datensätzen erfolgte, basieren die hier vorgestellten Ergebnisse auf der StarCD-Version. Die detaillierten Angaben zu den jeweiligen anatomischen, physiologischen und strömungsmechanischen Daten sind in Anhang A.2 zu finden.

8.1.2 Ergebnisse des Datensatzes B003

Quantitative Erfassung der Ventrikelströmung

Der hier untersuchte Datensatz entstammt einem relativ jungen Patienten (Tabelle 8.2), der aufgrund eines Vorderwandinfarkts auf NYHA III gestuft wurde. Trotz einer relativ guten Ejektionsfraktion von 42% wies der Ventrikel eine starke Ausbeulung im Infarktbereich auf. Diese wurde operativ gestrafft, um die Thrombengefahr zu reduzieren und

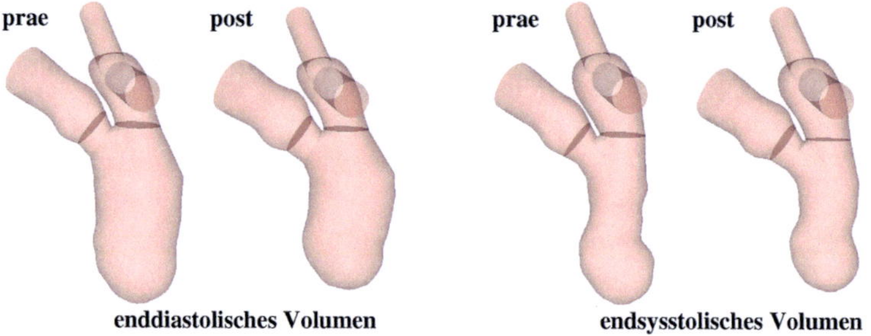

Abbildung 8.2: Graphische Gegenüberstellung von B003 prae-OP und post-OP

das Herz wieder auf seine ursprünglich Größe zu bringen. Das operative Ergebnis wird im Vergleich der enddiastolischen und endsystolischen Volumina vor (prae-OP) und nach (post-OP) der Operation in Abbildung 8.2 deutlich. Beim post-OP ist weiterhin eine kleine Aussackung zu erkennen, die relativ zum Restventrikel jedoch kleiner geworden ist. Durch die Volumenreduktion und den gelegten Bypass wurde der Patient von seinen akuten Schmerzen befreit.

In Abbildung 8.3 sind die jeweiligen Volumenverläufe von Ventrikel und Vorhof (inkl. Lungenvenen) über einen Herzzyklus aufgetragen. Im Gegensatz zu dem in Abbildung 7.1 dargestellten Verlauf des gesunden Referenzventrikels weist der praeoperative weder eine Plateauphase noch eine Vorhofkontraktion auf. Letztere ist nach der Operation deutlich zu erkennen. Da im Volumenverlauf des Vorhofs keine merklichen Veränderungen festzustellen sind, kann davon ausgegangen werden, dass dieser noch nicht in Mitleidenschaft gezogen wurde.

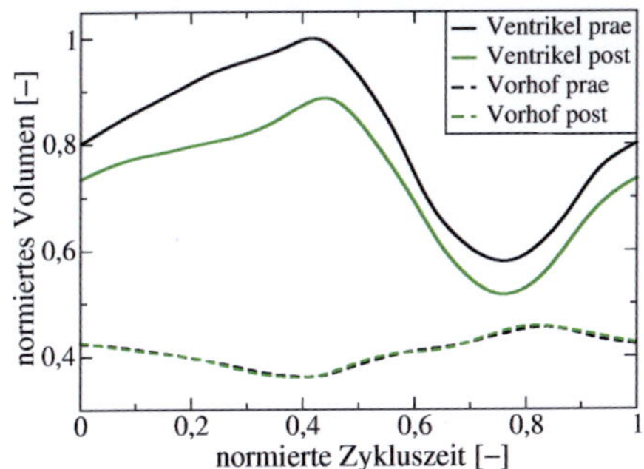

Abbildung 8.3: Volumenverläufe von Vorhof und Ventrikel (B003)

Beim Vergleich der Druck-Volumen-Diagramme (Abb. 8.4) wird die operative Volumenreduktion nochmals verdeutlicht. Die integralen Flächen entsprechen der vom Ventrikel aufzubringenden Arbeit.

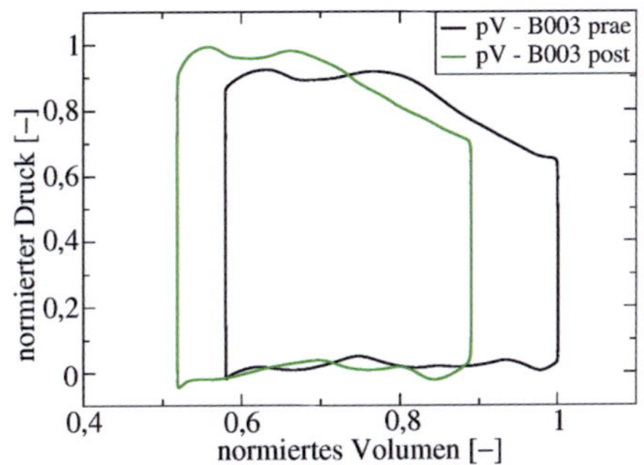

Abbildung 8.4: Druck-Volumen-Diagramm (B003)

In Tabelle 8.2 sind für beide Simulationen die patientenspezifischen Angaben sowie die ermittelten Werte und Kennzahlen zusammengetragen.

Datensatz B003 (prae, post)				
Patientenspezifische Angaben		Einheit	B003 prae	B003 post
Geschlecht	-	-	m	
Alter	-	-	48	
Größe	-	m	1,76	
Gewicht	-	kg	77	
Krankheitsbild	-	-	Vorderwandinfarkt 2-Gefäß KHK	
NYHA	-	-	III	I
Operationsart	-	-	Revaskularisation, Bypass	
aktueller Zustand	-	-	angina pec.	gut
Blutdruck	-	$mmHg$	100/60	108/61
Hämatokrit	Hkt	%	41	28
Zeitliche Angaben		Einheit	prae	post
Puls	HR	$1/min$	56	72
Zykluszeit	T_0	s	1,071	0,833
Diastolische Zeit	t_{dia}	s	0,705	0,568
Systolische Zeit	t_{sys}	s	0,366	0,265
Geometrische Angaben		Einheit	prae	post
Schlagvolumen	V_S	ml	76,18	67,12
Enddiast. Volumen	V_{dia}	ml	180,84	160,50
Endsyst. Volumen	V_{sys}	ml	104,66	93,38
Mitralklappenfläche	A_{mi}	mm^2	488,75	486,48
Aortenklappenfläche	A_{ao}	mm^2	352,14	336,57
Mitralklappendurchmesser	D_{mi}	mm	24,95	24,89
Aortenklappendurchmesser	D_{ao}	mm	21,17	20,70
Strömungsgrößen		Einheit	prae	post
Mittl. Mitralgeschwindigkeit	$\bar{v}_{dia}$	m/s	0,22	0,24
Mittl. Aortengeschwindigkeit	$\bar{v}_{sys}$	m/s	0,59	0,75
Mittl. effektive Viskosität	$\bar{\mu}_{eff}$	g/ms	6,05	5,87
Dichte	ρ	kg/m^3	1008	1008
Kennzahlen		Einheit	prae	post
Mittlere Reynoldszahl	Re	−	1195	1365
Mittlere Womersleyzahl	Wo	−	23,7	26,3
Durchmischungsgrad	M_1	%	59,0	57,0
Durchmischungsgrad	M_4	%	14,0	12,0
Verweilzeit (20% Restblut)	t_b	s	3,34	2,57
pV-Arbeit	A_p	Nm	0,89	0,84
Leistung	P	W	0,83	1,01
Ejektionsfraktion	EF	%	42,12	41,82
Dimensionslose Pumparbeit	O	−	$6,42 \cdot 10^6$	$5,51 \cdot 10^6$
Cardiac Output	CO	l/min	4,27	4,83

Tabelle 8.2: Quantitative Erfassung des Datensatzes B003 (prae/post)

Bei der Betrachtung der Schlagvolumina fällt auf, dass dieses beim post-OP um 10 ml kleiner ist als beim prae-OP. Die enddiastolische Volumenreduktion beträgt 26 ml, so dass die Ejektionsfraktion EF konstant bleibt. Dieser Sachverhalt ist auf den höheren Puls während der postoperativen Aufnahme zurückzuführen, wodurch das Herz pro Zyklus weniger Blut zur Versorgung des Kreislaufs auswerfen musste als der prae-OP bei vergleichsweise niedrigerem Puls. Sowohl der Cardiac Output, als auch die Leistung des Herzens zeigen eine leichte Verbesserung der Pumpfunktion nach der Operation. Dies wird mit der dimensionslosen Pumparbeit (siehe 8.2.2) bestätigt. Des Weiteren ist der Unterschied im Hämatokritwert auffällig. Dieser liegt vor der Operation im Normalbereich. Um das notwendige Blutvolumen zum Anschluss an die Herz-Lungen-Maschine zu generieren, wird das Blut während der Operation mit einer Zusatzlösung gestreckt und dadurch automatisch verdünnt. Resultierend fällt der Hämatokritwert beim Post-OP geringer aus (siehe 8.2.1).

Interpretation der dreidimensionalen Strömungsstruktur

Die Interpretation der dreidimensionalen Strömungsstruktur erfolgt zu vier signifikanten Zeitpunkten im Herzzyklus. Zur Auswertung dienen dreidimensionale Stromlinien und projizierte Stromlinien mit strömungscharakterisierenden $\lambda2$-Strukturen ($\lambda2{=}-2000$). Um die Unterschiede zu einer gesunden Herzströmung besser aufzeigen zu können, wird die Normierung entsprechend Referenzventrikel B001 (siehe 7) verwendet ($v_{max}{=}1,2\ m/s$).

Zu Beginn der Diastole (Abb. 8.5) bildet sich der für die Herzströmung charakteristische Ringwirbel hinter der Mitralklappe aus. Im Vergleich zum operierten Herzen sind die Geschwindigkeiten im prae-OP etwas geringer. Dies wird insbesondere bei der Darstellung der $\lambda2$-Strukturen im Vorhof deutlich. In beiden Fällen dringt der Einströmjet nur in die obere Hälfte des Ventrikels vor. Im Bereich der Herzspitze (Apex) zeigen sich Verwirbelungen geringer Intensität, die aus dem vorangegangenen Zyklus stammen. Im Weiteren Verlauf (Abb. 8.6) wandert der Ringwirbel in Richtung Ventrikelmitte. Die räumlich asynchrone Verstärkung der linken Ventrikelseite ist weniger stark ausgeprägt als im gesunden Herzen. Folglich kippt der Ringwirbel nicht in die Ventrikelspitze ab. Im Apex resultieren Ausgleichbewegungen geringer Intensität. Im praeoperativen Fall versperrt die linke Ringwirbelseite halbseitig die Mitralklappe und beeinflusst dadurch das Strömungsverhalten im Vorhof. Aufgrund der generell sehr niedrigen kinetischen Energie in der Strömung lösen dort die Wirbel an den Eintrittstellen der Lungenvenen sehr spät ab. Die charakteristische Rotationsbewegung zu dieser Phase (siehe 7.2.1) ist daher nicht zu erkennen.

Zum Ende der Diastole zeigen sich deutliche Unterschiede in der Strömungsstruktur der beiden untersuchten Fälle (Abb. 8.7). Beim prae-OP wandert die linke Ringwirbelseite in Richtung äußere Ventrikelwand. Da sich der Ventrikel krankheitsbedingt nicht weiter ausdehnt, drängt das mit der Vorhofkontraktion in den Ventrikel einströmende Blut einen Teil des Wirbels in den Vorhof zurück. Zusätzlich kommt es zu verstärkten Rückströmungen in die Lungenvenen. Auch beim post-OP zerfällt der Ringwirbel und die immer noch dominierende linke Seite wandert in die Ventrikelmitte. Im Gegensatz zum prae-OP ist der Wirbel weiter in Richtung Apex vorgedrungen und hat so die Mitralklappe nicht versperrt. Des Weiteren ist der Ventrikel nach dem Eingriff wieder in der Lage, sich mit der Vorhofkontraktion auszudehnen. Aufgrund der mangelnden Rotationsbewegung der Vorhofströmung, ist der Einströmwinkel durch die Mitralklappe jedoch sehr viel steiler als beim gesunden Herzen.

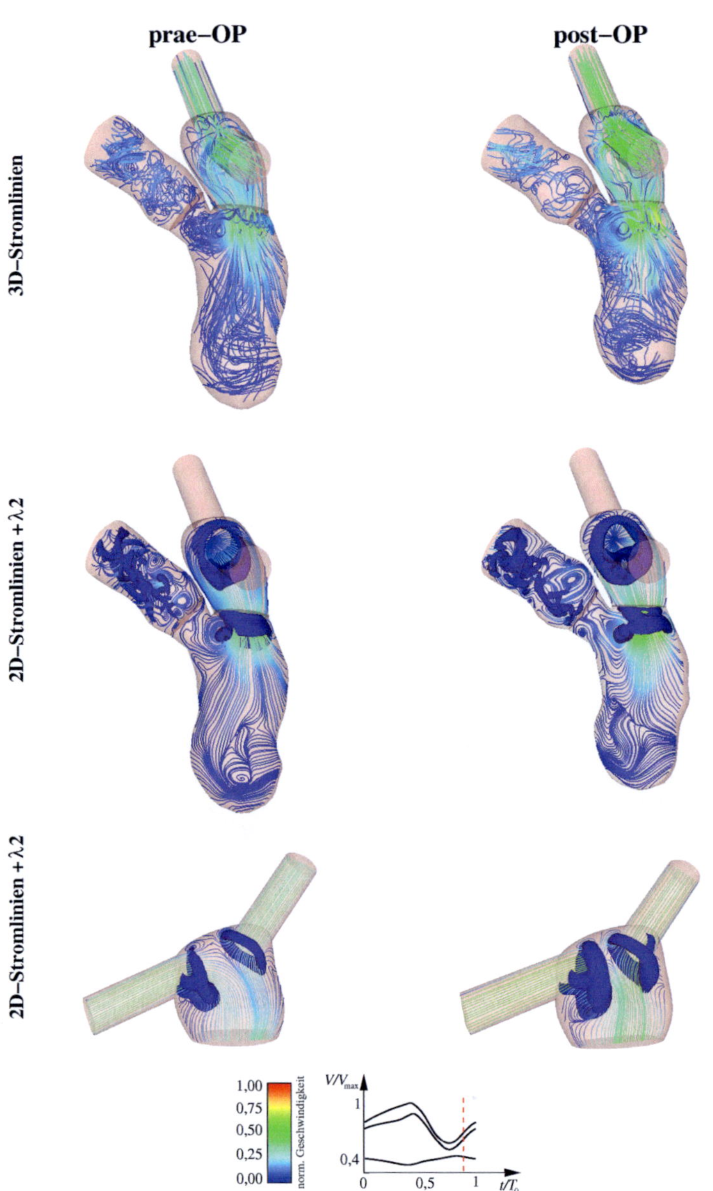

Abbildung 8.5: Strömungsstruktur in Ventrikel und Vorhof (frühe Füllphase)

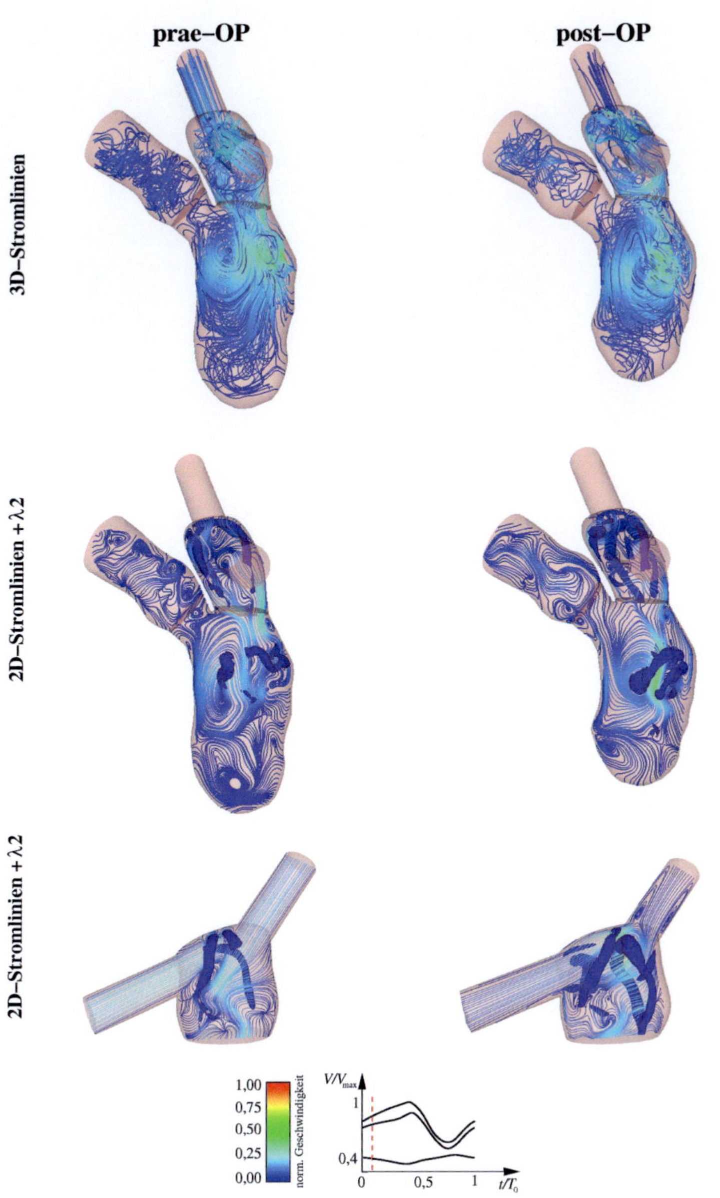

Abbildung 8.6: Strömungsstruktur in Ventrikel und Vorhof (mittlere Füllphase)

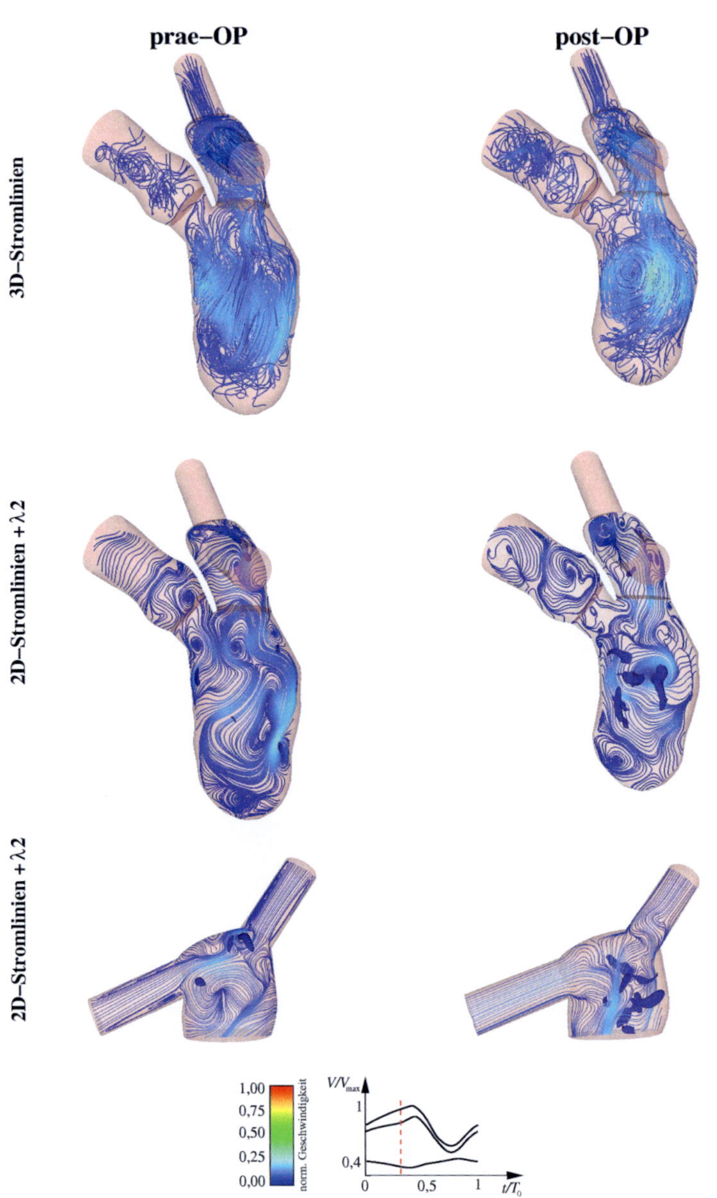

Abbildung 8.7: Strömungsstruktur in Ventrikel und Vorhof (späte Füllphase)

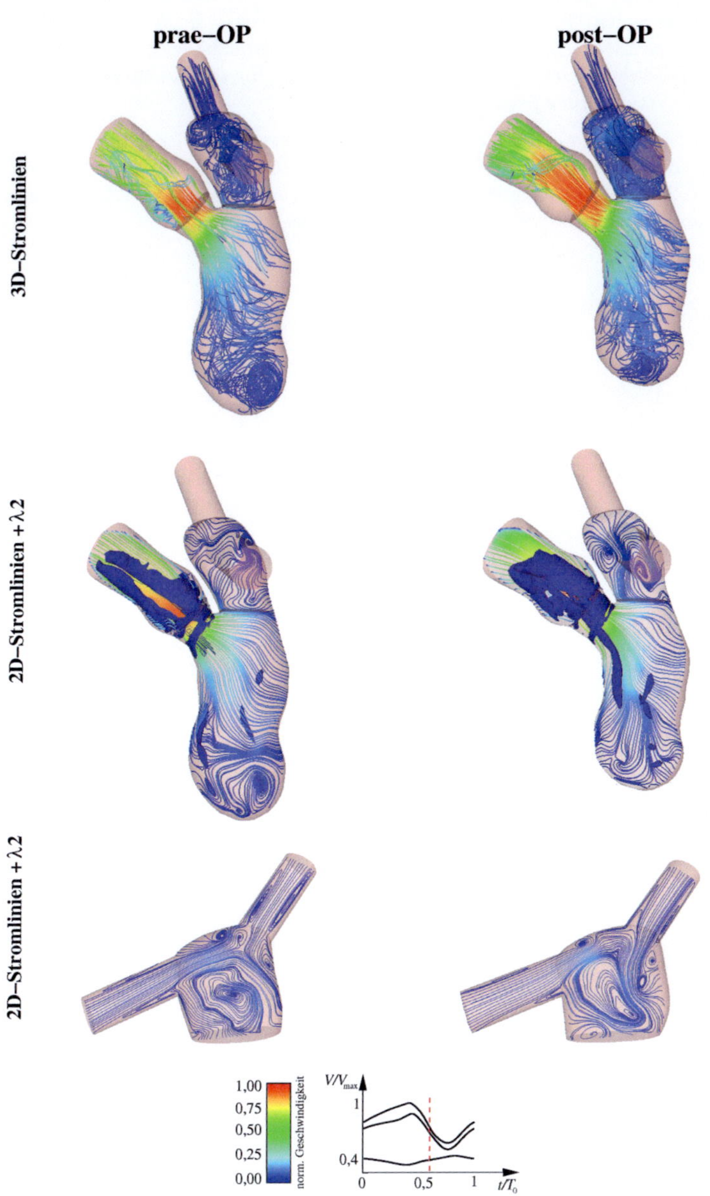

Abbildung 8.8: Strömungsstruktur in Ventrikel und Vorhof (mittlere Ausströmphase)

Das Strömungsbild während der Systole (Abb. 8.8) zeigt im Vorhof die bekannte Ausbreitung eines rotierenden Wirbels bei geschlossener Mitralklappe. Im Aneurysma (Infarktbereich) bildet sich jedoch eine Wirbelwalze, die nicht vollständig ausgespült wird und so das Strömungsgeschehen im nachfolgenden Zyklus mitbestimmt. Diesbezüglich zeigt sich eine deutliche Verbesserung nach der Operation.

Unter Berücksichtigung der Analyse der Strömungsstruktur und der quantitativen Auswertung war die Operation am Datensatz B003 aus strömungsmechanischer Sicht erfolgreich. Eine vollständige Rekonstruktion der Ventrikelspitze ist jedoch nicht erfolgt, so dass das postoperative Gesamtergebnis noch besser ausfallen könnte.

8.2 Kennzahlen

Im Vergleich zu vielen technischen Systemen mit definierten Randbedingungen und starren Geometrien, ist die Anzahl der problembeschreibenden dimensionslosen Kennzahlen bei biologischen Systemen signifikant höher. Die größte Herausforderung bei der Dimensionsanalyse am Herzen stellt daher die Beurteilung und die Eingrenzung der charakteristischen Einflussgrößen dar. Da das KaHMo^{MRT} den Istzustand des Patienten vor und nach einer Operation betrachtet und die Datenaufnahme im liegenden Ruhezustand sowie meist unter medikamentösem Einfluss erfolgt, sind Einflüsse des vegetativen Nervensystems oder des Frank-Starling-Mechanismus vernachlässigbar (siehe 2.1.4). Des Weiteren wird im ersten Schritt eine mittlere Herzströmung angenommen, ohne systolische bzw. diastolische Aufteilung.

8.2.1 Einflussgrößen

Im Folgenden werden die aus der Segmentierung und der Simulation gewonnenen Einflussgrößen beschrieben und bezüglich ihrer Eignung für die anschließende Dimensionsanalyse geprüft.

Druck-Volumen-Arbeit
Die *Druck-Volumen-Arbeit* A_p ist die mechanische Arbeit, die das Herz verrichten muss, um das Blut gegen den herrschenden Aortendruck auszuwerfen. Sie bildet sich daher aus der integralen Fläche im pV-Diagramm nach Abbildung 7.3 bzw. 8.4. Aussagen über den Kreislaufdruck werden mit dem hinterlegten Kreislaufmodell (siehe 5.5) ermittelt und der Simulation als Randbedingung vorgegeben [95]. Die Druck-Volumen-Arbeit ist ein entscheidendes Maß für die Aktivität des Herzens und wird daher in die weitere Betrachtung mit einbezogen.

Verweilzeit
Das Durchmischungsverhalten im Ventrikel lässt sich mit Hilfe der Strömungssimulation quantitativ erfassen. Dazu wird mit dem Beginn der Diastole ein passiver Skalar initialisiert, der die Konzentration des im Ventrikel befindlichen Restblutes auf 100% setzt. Während der folgenden Heryzzyklen kommt neues Blut in den Ventrikel nach und vermischt sich mit dem alten. Der resultierende Abfall der Restblut-Konzentration ist in Abbildung 8.9 aufgetragen. Der Skalar gibt demnach an, wie schnell und wie gut der Ventrikel durchspült wird und ist somit ein Indikator zur Einschätzung eventueller Thrombenbildung. Aus

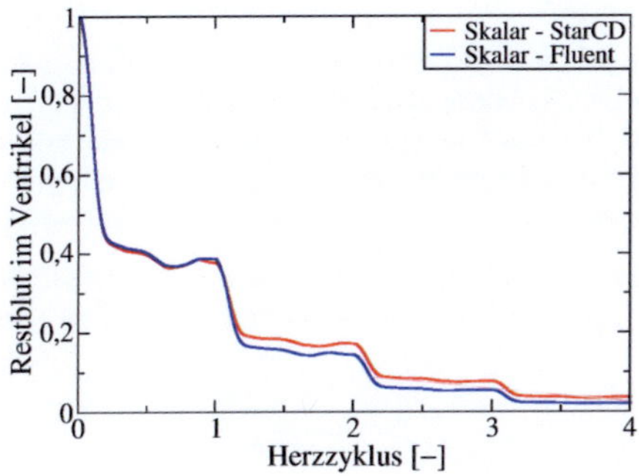

Abbildung 8.9: Durchmischung im Ventrikel (B001)

diesem Grund wird die *Verweilzeit* t_b für die anschließende Dimensionsanalyse eingeführt: t_b = benötigte Zeit, bis sich nur noch 20% des Restblutes im Ventrikel befinden.

Abbildung 8.9 zeigt die Restblutkonzentration im Referenzdatensatz B001 für die StarCD- und die Fluent-Lösung. Es ist deutlich zu erkennen, dass der Ventrikel in der Fluent-Lösung aufgrund der besseren Netzqualität schneller durchmischt wird.

Effektive Viskosität

Um den nicht-newtonschen Eigenschaften von Blut Rechnung zu tragen, ist der Simulation ein Viskositätsmodell hinterlegt (siehe 3.3). Durch eine räumliche und zeitliche Mittelung der Einzelviskositäten im ventrikularen Diskretisierungsgebiet ergibt sich nach Gleichung 3.19 eine *mittlere effektive Viskosität* $\bar{\mu}_{eff}$.

Der Hämatokritwert (Hkt) des gesunden Menschen liegt in einem Bereich von 40%-46% (Männer) bzw. 41%-43% (Frauen) [105]. Bei Erkrankten kann dieser nach der Operation niedriger ausfallen, da das Blut für den Einsatz der Herz-Lungen-Maschine gestreckt werden muss. Da der Anteil an roten Blutkörperchen neben anderen Faktoren [71] das Fließverhalten von Blut beeinflusst, bedarf es einer patientenspezifischen Anpassung des in Abbildung 3.3 dargestellten Viskositätsmodells. Dies ist jedoch nur in Viskosimeterstudien realisierbar, die im klinischen Alltag nicht beinhaltet und zeitlich sehr aufwändig sind.

Unter Vernachlässigung der zusätzlichen Einflussfaktoren kann die Viskosität in Abhängigkeit des Hkt modelliert werden; Voraussetzung dafür ist eine Kurvenschar von $\mu_{eff}(\dot{\gamma})$ für unterschiedliche Hämatokritwerte. Die meisten in der Literatur gefundenen rheologischen Untersuchungen beinhalten jedoch nicht den benötigen Zusammenhang bzw. sind sehr alt [93, 18, 17, 67]. Die in [13, 49, 29] angegebenen Messungen wurden in [114] hinsichtlich ihrer Eignung als Datengrundlage untersucht. Dabei stellte sich heraus, dass sie für eine Anpassung des Viskositätsmodells zu ungenau sind und der dadurch verursachte Fehler weitaus größer einzuschätzen ist. Aufgrund dessen ist den Simulationsmodellen aller Herzen die gleiche Viskositätskurve nach Abbildung 3.3 hinterlegt, zukünftig sollte jedoch eine Viskositätsstudie durchgeführt werden, die dann als fundierte Grundlage für die patientenspezifische Anpassung dient. Da $\bar{\mu}_{eff}$ strömungsmechanische Aussagen über das Scherverhalten im Ventrikel ermöglicht, wird dieser Wert trotz patientenspezifischer Einschränkung für die Dimensionsanalyse verwendet.

Schlagvolumen

Das *Schlagvolumen* V_S ist die Differenz zwischen dem enddiastolischen Maximalvolumen V_{dia} und dem endsystolischen Minimalvolumen V_{sys} im Ventrikel. Es gibt an, wieviel Blut pro Herzzyklus in den Kreislauf ausgeworfen wurde. Da ein erkranktes Herz in seiner Pumpleistung eingeschränkt ist, wird das Schlagvolumen mit fortschreitendem Krankheitsstand immer geringer und es kommt zu einer Sauerstoffunterversorgung des Körpers.

Aus dem Schlagvolumen leitet sich die so genannte Ejektionsfraktion EF ab, die im klinischen Alltag eine gängige Größe zur Einstufung von Pathologien ist:

$$EF = \frac{V_{dia} - V_{sys}}{V_{dia}} \tag{8.1}$$

Diese ist jedoch aufgrund der rudimentären Auswertemethoden in den Analysegeräten sehr fehlerbehaftet und dient den Ärzten somit nur als Anhaltswert. Die in Kapitel 5 dargestellte Segmentierung ermöglicht eine weitaus exaktere Bestimmung des tatsächliches Wertes. Aufgrund der geometrischen Aussagekraft, wird V_S in der anschließenden Dimensionsanalyse mit berücksichtigt.

Energiebetrachtung

Zur Bestimmung der im Herzen auftretenden Energieverluste, ist die Energieumsetzung des Myokards, gemessen am Sauerstoffverbrauch notwendig. Da das KaHMO^{MRT} einzig die Bewegung des Fluidraums betrachtet, kann die Auswertung nur über einen rein hydraulischen Wirkungsgrad erfolgen, welcher lediglich die Reibungsverluste sowie die Druckverluste über die Klappen und damit nur einen kleinen Anteil des Gesamtverlustes berücksichtigt. Die reinen Strömungsverluste liegen im niedrigen Prozentbereich und sind daher für die Charakterisierung der Herzströmung alleine nicht aussagekräftig.

Cardiac Output

Cardiac Output (Co) ist der englische Fachbegriff für Herzminutenvolumen. Er gibt an, wieviel Blut pro Minute in den Körperkreislauf gepumpt wurde.

$$Co = Schlagvolumen \cdot Puls = V_S \cdot HR \tag{8.2}$$

Da diese Information bereits durch das Schlagvolumen und die Verweilzeit des Herzens in die Dimensionsanalyse einfließt, wird die Größe dort nicht berücksichtigt.

8.2.2   Dimensionsanalyse am Herzen

Eine in den Ingenieurwissenschaften gängige Methode zur Entwicklung problemcharakterisierender Kennzahlen ist die Durchführung einer Dimensionsanalyse. Sie beinhaltet nach Kapitel 3.6 folgende Schritte:

- Bestimmung der n Einflussgrößen, die das System beschreiben
- Festlegung der Basisgrößen
- Aufstellung der Dimensionsmatrix
- Ermittlung einer quadratischen Teilmatrix mit der Determinante ungleich Null
- Berechnung der dimensionslosen Größen
- Aufstellung des neuen funktionalen Zusammenhangs

Die im vorherigen Abschnitt gefundenen zeitlichen, räumlichen, rheologischen und strömungsmechanischen Einflussgrößen für eine mittlere Herzströmung werden in der Dimensionsmatrix 8.3 zusammengetragen. Die hier verwendeten Basisgrößen beziehen sich auf das MLT-System (Kraft, Länge, Zeit) mit den SI-Einheiten [kg], [m] und [s]:

	Ap	t_b	μ_{eff}	V_S	ρ	u
kg	1	0	1	0	1	0
m	2	0	-1	3	-3	1
s	-2	1	-1	0	0	-1

Tabelle 8.3: Dimensionsmatrix

mit
- A_p = Druck-Volumen-Arbeit $[Nm]$
- t_b = Verweilzeit $[s]$
- $\bar{\mu}_{eff}$ = mittlere effektive Viskosität $[kg/ms]$
- V_S = Schlagvolumen $[m^3]$
- ρ = Dichte $[kg/m^3]$
- $\bar{u}$ = mittlere Klappengeschwindigkeit $[m/s]$ (siehe 3.4)

Das lineare Gleichungssystem mit sechs Spalten und drei Zeilen besitzt eine Vielzahl sogenannter π-Sets mit jeweils $6 - 3 = 3$ dimensionslosen Lösungsgrößen π, die einen funktionellen Zusammenhang der Form $F(\pi_1, \pi_2, \pi_3) = 0$ bilden. Zur Berechnung der π-Sets wurde ein allgemeingültiges Matlab-Programm [2] geschrieben, dass auch für zukünftig komplexere Fälle anwendbar ist [12]. Das zur weiteren Betrachtung ausgewählte π-Set der mittleren Herzströmung lautet:

$$\pi_1 = \frac{A_p \cdot t_b}{\mu_{eff} \cdot V_S}, \qquad \pi_2 = \frac{\rho \cdot u \cdot V_S^{1/3}}{\mu_{eff}}, \qquad \pi_3 = \frac{\rho \cdot V_S^{2/3}}{\mu_{eff} \cdot t_b} \qquad (8.3)$$

mit
- π_1 = Dimensionslose Pumparbeit O
- π_2 = mittlere Reynoldszahl $\overline{Re}$ (siehe 3.4)
- π_3 = mittlere Womersleyzahl $\overline{Wo}$ (mit $\omega = 2\pi/t_b$)(siehe 3.4)

Aus der Dimensionsanalyse ergibt sich somit folgender Zusammenhang

$$F(O, Wo, Re) = 0,$$

der in Abbildung 8.10 für je zwei der Größen graphisch dargestellt ist. Der Referenzwert O_r ist eine aus den drei Datensätzen gesunder Probanden gewichtete Größe (siehe A.1). Über die Ausgleichkurve (gestrichelte Linie), zeigt sich der Zusammenhang der Kennzahlen in Form einer Potenzfunktion:

$$\begin{aligned} O/O_r &= A \cdot (Re/Re_r)^B \\ O/O_r &= U \cdot (Wo/Wo_r)^V \\ Re/Re_r &= X \cdot (Wo/Wo_r)^Y \end{aligned} \qquad (8.4)$$

mit
- $A = 1,06$, $B = -0,62$
- $U = 0,96$, $V = -0,88$
- $X = 1,07$, $Y = 1,25$

Aus Gründen der Vollständigkeit ist die Dimensionslose Pumparbeit O des Validierungs-experiments *V001* in den Diagrammen eingetragen. Wie bereits in der Ergebnisdiskussion (siehe 6) festgestellt wurde, bildet das Experiment aufgrund der Einbausituation des Ventrikels und der anliegenden Drücke die reale Herzströmung quantitativ nicht ab.

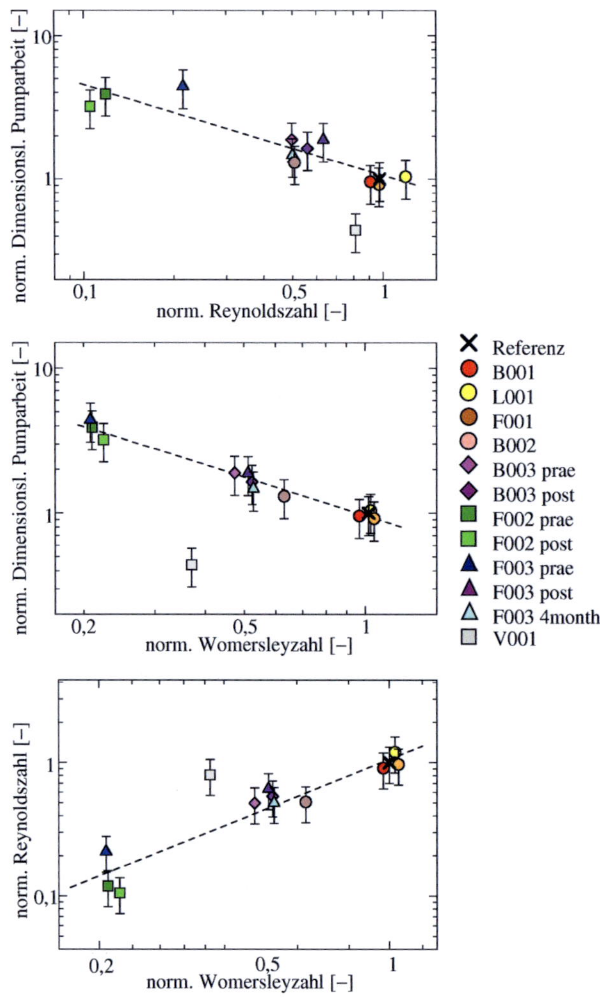

Abbildung 8.10: O über Re: $O/O_r{=}1,06 \cdot (Re/Re_r)^{-0,62}$ (oben), O über Wo: $O/O_r{=}0,96 \cdot (Wo/Wo_r)^{-0,88}$ (mitte), Re über Wo: $(Re/Re_r){=}1,07 \cdot (Wo/Wo_r)^{1,25}$ (unten)

Die 2D-Plots stellen Projektionen des dreidimensionalen Zusammenhangs von O, Re und Wo nach Abbildung 8.11 dar. Die dort gezeigte Fläche kann jedoch aufgrund der geringen

Datenmenge nur als eine Tendenz betrachtet werden.

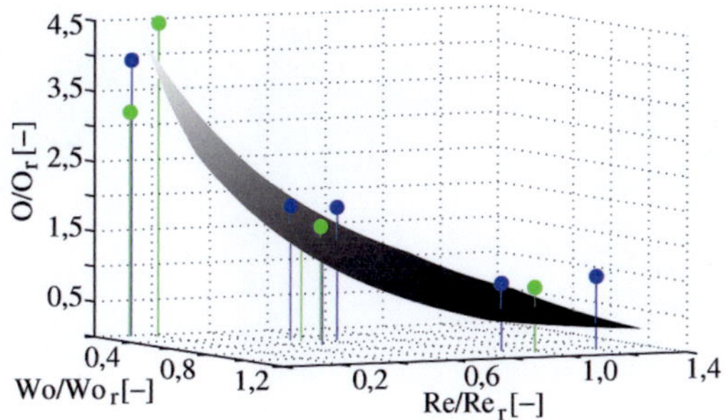

Abbildung 8.11: Dimensionslose Pumparbeit über Womersleyzahl und Reynoldszahl

In den Diagrammen wird ersichtlich, dass die Dimensionslose Pumparbeit O größer wird, je schlechter das Herz aus strömungsmechanischer Sicht arbeitet. Die einzelnen Datensätze lassen sich somit im Vergleich zu den Referenzherzen bewerten.

Beim Patienten *F002* wurde durch die Operation lediglich eine Verbesserung der Ejektionsfraktion um 3 % auf 18 % erreicht (Tab. A.3). Des Weiteren lässt sich aus der Analyse der Strömungsstruktur [20, 86, 87] erkennen, dass die sogenannte *apple-shaped* Rekonstruktion, bei der die Herzspitze entfernt wurde ohne auf die Beibehaltung der ursprünglich konischen Form zu achten, eine Staupunktströmung hervoruft. Dies wird durch eine unwesentliche Verbesserung der Kennzahlen beim post-OP bestätigt, sodass diese Operation aus strömungsmechanischer Sicht als nicht erfolgreich zu bewerten ist.

Der Vergleich der prae- und postoperativen Ergebnisse des Patientenherzens *F003* weist eine deutliche Verschiebung der Kennzahlen hin zu einem gesunden Ventrikel auf. Bei diesem Datensatz wurde darauf geachtet, die konische Ventrikelform beizubehalten. Die Simulationsergebnisse aus der Untersuchung vier Monate nach dem Eingriff zeigen eine weitere Stabilisierung des Herzens [86, 95], sodass unter strömungsmechanischen Gesichtpunkten die Operation als erfolgreich bewertet werden kann.

Da die Dilatation im Infarktbereich des Datensatzes *B003* vergleichweise gering ist, entspricht die Geometrie im oberen Ventrikelteil der eines gesunden Herzens. Die Analyse der Strömungsstruktur (Kap. 8.1.2) zeigt jedoch, dass die ausgebeulte Herzspitze inbesondere beim prea-OP nicht vollständig durchspült wird. Dies wird mit der Darstellung des Geschwindigkeitsgradienten zu Beginn und Ende der raschen Füllung (Abb. 8.12) sowie durch die über die Diastole zeitlich gemittelte Strömung im Mittelschnitt zusätzlich verdeutlicht (Abb. 8.13). Während der Einströmjet beim *B001* Referenzdatensatz bis in den unteren Ventrikelbereich vordringt, zeigt sich dort beim prae-OP wenig Fluktuation. Nach der Operation ist eine größere Intensität zu erkennen und die Gradienten treten in ähnlichen Bereichen wie beim gesunden Herzen auf. Dies geschieht in abgeschwächter Form, sodass auch hier die Ventrikelspitze nicht in gleicher Stärke durchspült wird. Die leichte Verbesserung wird durch die Kennzahlen quantitativ bestätigt, sodass hier der chirurgische Eingriff aus strömungsmechanischer Sicht zwar erfolgreich war, jedoch Verbesserungspotential besteht.

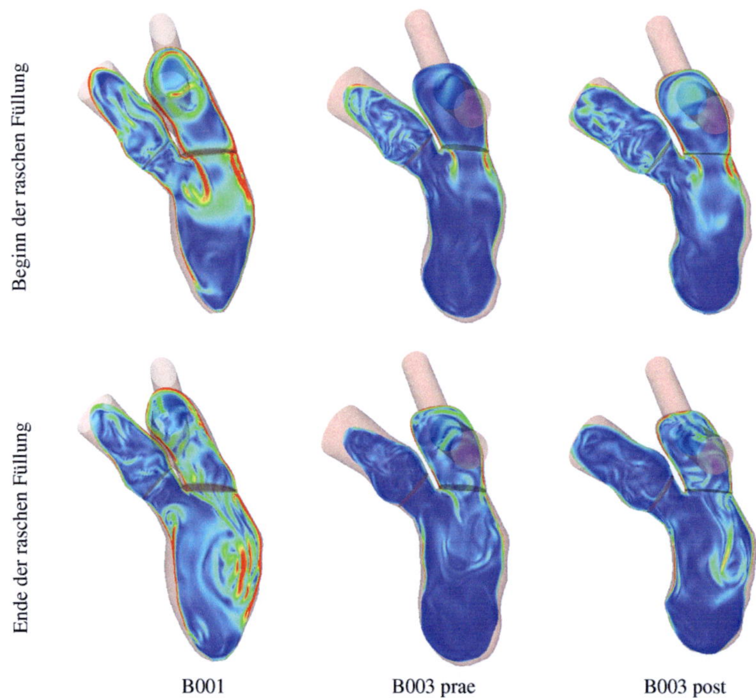

B001   B003 prae   B003 post

Abbildung 8.12: Gradient der Geschwindigkeit: B001 (links) - B003 prae (mitte) - B003 post (rechts)

Die jüngsten Ergebnisse der STICH-Studie (siehe 1.1) beziehen sich auf die Effizienz einer Beipasslegung mit oder ohne ventrikuloplastische Operation [41]. Da es keinen signifikanten Unterschied in dem Verhältnis von Genesung zu kardialem Rückfall für beide Methoden gibt, wurde der positive Einfluss der Operation mit Rekonstruktion auf die längerfristige Besserung der Herzfunktion nicht bestätigt. Der Eingriff hat statistisch gesehen jedoch nicht geschadet, sodass davon auszugehen ist, dass sich das heterogene Patientenfeld aufspalten lässt in eine Anteil, der von einer Rekonstruktion profitiert und einen, bei dem der Einriff eher negativ verläuft. Ziel weiterer Forschungen ist es daher, diese beiden Teile zu unterscheiden.

Die Entwicklung der strömungscharakterisierenden Kennzahlen kann bei ensprechender Datenmenge zukünftig helfen, diesen Patientenstamm herauszufiltern, da die bisher nur auf Erfahrungswerten der Chirurgen basierende Beurteilung über den Erfolg einer Herzoperation unter strömungsmechanischen Gesichtpunkten nun genauer erfolgt. Für die Akzeptanz in der Medizin müssen die gefunden Gesetzmäßigkeiten jedoch mit einer größeren Datenmenge validiert werden, was eine Automatisierung des Modells unumgänglich macht. Die Beschreibung eines dazu entwickelten Konzepts ist Gegenstand der folgenden Abschnitte.

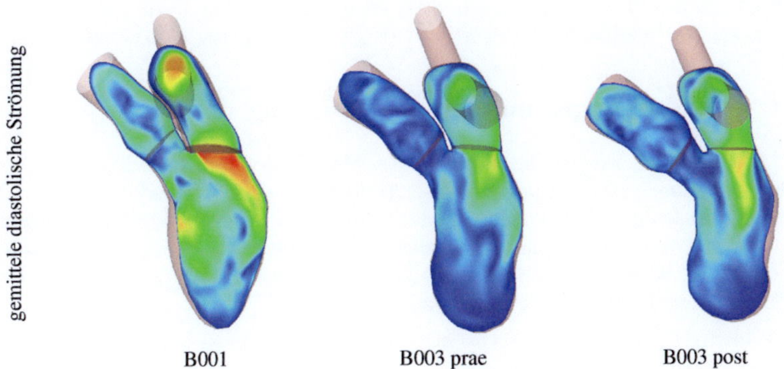

Abbildung 8.13: gemittelte diastolische Strömung $(v_{max}=0,4m/s)$: B001 (links) - B003 prae (mitte) - B003 post (rechts)

8.3 Integration in den Tomographen

Um die Quantität der untersuchten Datensätze zu erhöhen und das KaHMo^{MRT} im klinischen Alltag einsetzbar zu machen, bedarf es einer Automatisierung des Modells von der Datenaufnahme bis zum Simulationsergebnis. Grundlage dazu bildet die in Kapitel 5.3.2 vorgestellte Modellumstellung auf topologisch identische Dreiecksoberflächennetze mit unstrukturierten Volumennetzen.

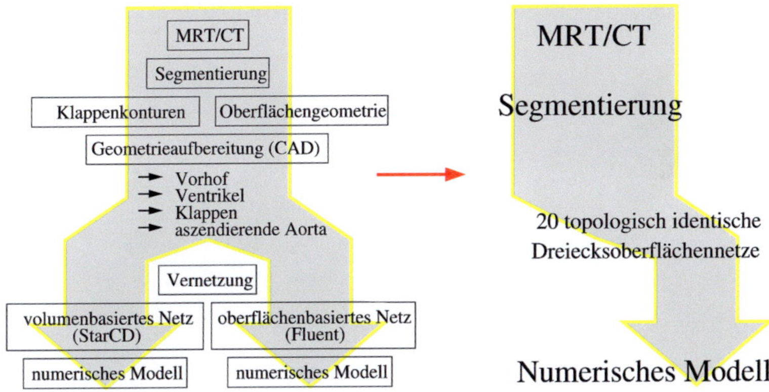

Abbildung 8.14: Reduzierung der manuellen Bearbeitungsschritte durch direkte Verwendung der segmentierten Oberflächen

Die von Philips [123] segmentierten Daten liegen bereits als topologisch identische Dreiecksoberflächen vor, entsprechen jedoch noch nicht den Qualitätsanforderungen für die Simulation. Der erste Schritt beinhaltet somit die Verbesserung dieser Segmentierung hin zu einer direkten Verwendung der extrahierten Daten, um die momentan notwendigen manuellen Aufbereitungsschritte (Abb. 8.14, links) zu vermeiden. Dadurch lässt sich das Problem auf den in Abbildung 8.14 (rechts) dargestellten Prozess reduzieren.

8.3.1 Anforderungen an die Segmentierung

Die Tetraedervolumenzellen des numerischen Modells reagieren durch entsprechende *remeshing*-Optionen sehr flexibel auf die starke Herzbewegung während des Pumpzyklus. Da die Randzellen des Volumennetzes jedoch direkt an die Dreiecksflächen des Oberflächennetzes stoßen, ist deren Qualität entscheidend für die der Volumenzellen und somit für die Konvergenz der Simulation. Für eine zukünftig direkte Verwendung der segmentierten Oberflächen sind daher folgende Punkte zu erfüllen:

- Fehlerfreie und qualitativ hochwertige Tetraedernetze in jeder Phase
- Feine Oberflächenauflösung
- Saubere Ein- und Austrittflächen an den Lungenvenen und der aszendierenden Aorta
- Einteilung der zweidimensionalen Herzklappenfläche in individuell ansprechbare Zonen für den Öffnungs- und Schließungsprozess (siehe 5.4)

Die Oberflächen des zur Segmentierung der patientenspezifischen Herzgeometrien verwendeten *Mittleren Modells* (siehe 5.1) müssen die in Fluent angegebenen Qualitätskriterien wie *aspect ratio* oder *equi size skewness* [1] erfüllen. Erste Untersuchungen dazu haben gezeigt [106], dass der Großteil der Zellen den Anforderungen entspricht, doch insbesondere diejenigen im Herzohrbereich, in der Klappengegend und an den Zu- und Abgängen machen eine direkte Verwendung für eine Simulation unmöglich. Des Weiteren besitzen die einzelnen Dreiecke noch nicht die erforderliche Größe, um das Volumennetz im Wandbereich entsprechend fein aufzulösen. Der Qualitätsunterschied zwischen der aktuellen Segmentierung und dem Netz aus der manuellen Nachbearbeitung wird in Abbildung 8.15 deutlich.

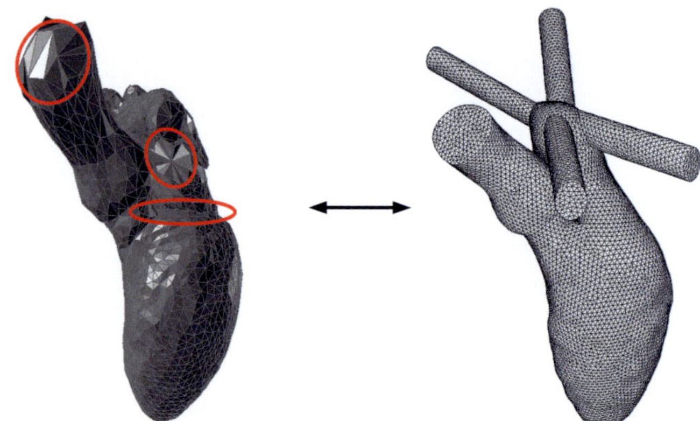

Abbildung 8.15: Segmentiertes (links) und aufbereitetes (rechts) Dreicksoberflächennetz

Ein gängiges Verfahren zur Vermeidung von Netzartefakten, Zellüberschneidungen und Zellverzerrungen im Oberflächennetz ist die *Simplifizierung* mit anschließender *Optimierung*.

Die Simplifizierung ist eine iterativer Prozess, der ausgehend von einem vorgegebenen Oberflächenmodell die Anzahl der Zellen mit der Auflage optimiert, die Oberflächeninformation so genau wie möglich beizubehalten. Wichtig hierbei ist, dass das zugrunde liegende Modell über ausreichend Zellen verfügt. In anschließenden Schritt der Optimierung werden die Oberflächenzellen so verändert, dass sie den Qualitätskriterien an das Rechennetz in Fluent entsprechen [1]. Da sich beide Schritte gegenseitig bedingen, wurde ein erster Ansatz entwickelt, der eine Parallelisierung von Simplifizierung und Optimierung ermöglicht [106]. Die Fortführung, Überprüfung und Anwendung ist Gegenstand weiterer Arbeiten.

Der Vorteil topologisch identischer Oberflächennetze ist, dass der Ort und die Nachbarschaftsbeziehung jeder Zelle bekannt sind. Da dies auch im Bereich der Klappen gilt, können die dortigen Zellen in einzelne Klappenzonen zusammengefasst und in der Simulation individuell angesprochen werden.

Des Weiteren ist dem *Mittleren Modell* neben der Fluidraumoberfläche auch die des linken Herzmuskels hinterlegt. Nach erfolgreicher Umsetzung besteht somit die Möglichkeit, zukünftig auch das KaHMo^{FSI} in diesem Schritt zu automatisieren.

8.3.2 Leitfaden zur Umsetzung

Neben einer sauberen Oberflächensegmentierung gilt es weitere Punkte für eine Automatisierung des KaHMo^{MRT} zu beachten. Der hier dargestellte Leitfaden zur erfolgreichen Integration in den Tomogaphen beinhaltet alle zu erfüllenden Schritte von der Datenaufnahme bis zur Auswertung.

1. Datenerhebung der gesamten Geometrieinformation von Ventrikel, Vorhof und aszendierender Aorta.
2. Anpassung des *Mittleren Modells* an die patientenspezifischen DICOM-Daten durch Trackingfunktionen.
3. Zonenanpassung der projizierten Öffnungsflächen der Herzklappen.
4. Extraktion der topologisch identischen Oberflächennetze.
5. Übergabe der Daten an die Workstation.
6. Automatisierte Volumenvernetzung und Parametereinstellung ⇒ Numerisches Modell.
7. Berechnung des approximierten Volumenverlaufs.
8. Automatisierte Anpassug der Öffnungs- und Schließungsprozesse der Herzklappen anhand des Volumenverlaufs.
9. Schnittebenendefinition zur anschließenden graphischen Auswertung der Herzströmung.
10. Simulation inklusive Auswerteroutinen zur Ermittlung der Kennzahlen.
11. Graphische Auswertung in den zuvor definierten Schnittebenen.

Aus heutiger Sicht stellt die automatisierte Oberflächensegmentierung die größte Herausforderung dar. Zusätzlich muss eine Workstation mit den entsprechenden Softwareprogrammen zur Verfügung stehen. Nach erfolgreicher Umsetzung wird es dem behandelnden Arzt möglich sein, innerhalb weniger Tage patientenspezifische Kennzahlen sowie eine dreidimensionale graphische Darstellung der Herzströmung zu erhalten.

8.4 Datenbank

Mit der steigenden Anzahl an untersuchten Datensätzen zeigt sich die Notwendigkeit eines zentralen Speicherorts. Aus diesem Grund wurde eine Datenbank mit MySQL programmiert, deren Frontend in Abbildung 8.16 dargestellt ist. Die Schnittstellenkommunikation mit dem Server (Apache) erfolgt mittels PhP, ein kennwortgeschützter Zugang sichert patientenspezifische Angaben.

Die Datenbank beinhaltet im Einzelnen:

- Originalaufnahmen aus dem Tomographen
- Segmentierung
- Aufbereitete Daten
- Numerische Modelle und Netze
- Simulationsergebnisse
- Physiologische Parameter
- Strömungsmechanische Kennzahlen

Die in den vorherigen Kapiteln vorgestellten patientenspezifischen Untersuchungen zur Beurteilungen des individuellen Krankheitszustands lassen sich auf diese Weise schnell und problemlos in Beziehung zueinander stellen. Im Hinblick auf eine zukünftige Automatisierung des KaHMo^{MRT} und der damit verbundenen steigenden Anzahl der untersuchten Datensätze wird eine übergeordnete Struktur zur Ordnung und Verknüpfung des Informationsflusses sehr hilfreich sein.

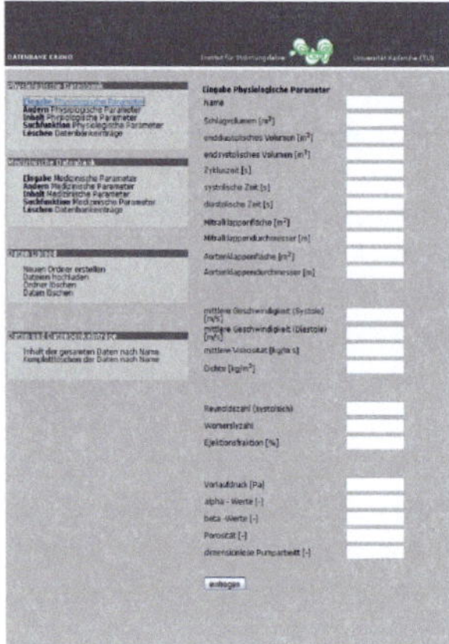

Abbildung 8.16: Login und Parameterliste der Datenbank

Die Datenbank rundet das in Abbildung 8.1 vorgestellte Konzept zur Integration des KaHMo^{MRT} in die klinische Anwendung ab. Mit einem kontinuierlichen Fortschritt in der Aufnahmequalität der Tomograpen und der Segmentierung wird ein Einsatz des KaHMo^{MRT} zukünftig möglich sein.

9 Zusammenfassung und Ausblick

Mit der Motivation, einen strömungsmechanischen Beitrag zur Planung und Bewertung von Herzoperation zu leisten, wurde am Institut für Strömungslehre das *Karlsruhe Heart Model* (KaHMo) entwickelt. Derzeit existieren zwei Modellansätze, die sich auf unterschiedliche medizinische Fragestellungen beziehen. Beim $\text{KaHMo}^{\text{MRT}}$ wird die Bewegung des Fluidraums aus patientenspezifischen MRT- oder CT-Daten abgeleitet und vorgegeben. Dadurch lässt sich der *status quo* des Herzens aus strömungsmechanischer Sicht bewerten. Aufbauend auf diesem Modell verfolgt das $\text{KaHMo}^{\text{FSI}}$ den Ansatz einer patientenspezifischen *What-If-Studie* unter Berücksichtigung der kardialen strömung-struktur-Wechselwirkung. Ein weiteres wichtiges Feld in der medizinischen Behandlung terminaler Herzinsuffizienz ist der Einsatz von Herzunterstützungssystemen. Mit dem derzeit entwickelten $\text{KaHMo}^{\text{VAD}}$ soll zukünftig die strömungsmechanische Wechselwirkung von Herz und künstlicher Unterstützungspumpe untersucht werden.

Ziel dieser Arbeit war die abschließende Entwicklung des $\text{KaHMo}^{\text{MRT}}$ hin zu einem einsatzfähigen Modell für die klinische Anwendung. Im Einzelnen beinhaltet dies die Erweiterung um ein anatomisch korrektes Vorhofmodell, die quantitative Validierung, die Entwicklung charakterisierender Kennzahlen zur strömungsmechanischen Bewertung von Herzoperationen sowie die Erstellung eines Leitfadens zur Automatisierung des Modells.

Die Vorhofentwicklung wurde zunächst auf Basis des volumenbasierten Modells durchgeführt. Die Modellierung der vier angrenzenden Lungenvenen war jedoch aufgrund der komplexen Netztopologie nicht möglich, so dass die jeweils parallel laufenden Venen zusammengefasst wurden, um die physiologischen Einströmwinkel in den Vorhof trotz Vereinfachung abzubilden. Durch die recht steifen topologisch identischen Hexaederzellen ist das $\text{KaHMo}^{\text{MRT}}$ im Bereich der Lungenvenen und der Klappenübergänge sowie in Bezug auf eine automatisierte Anwendbarkeit jedoch an seine Grenzen gestoßen. Ein wichtiges Teilziel dieser Arbeit war es demnach, das Modell auf unstrukturierte Volumennetze umzustellen, die durch automatisierte *remeshing*-Optionen weitaus flexibler auf starke Volumenänderungen während des Pumpzyklus reagieren. Die Bewegung wird dabei über strukturierte Oberflächennetze vorgegeben. Daraus ergeben sich zwei für das $\text{KaHMo}^{\text{MRT}}$ entscheidende Vorteile. Zum einen können alle vier Lungenvenen in das Modell implementiert werden, zum anderen besteht die Möglichkeit einer zukünftigen Integration in den Tomographen, da die aus der Segmentierung erhaltenen patientenspezifischen Oberflächen die für die Simulation notwendigen topologischen Eigenschaften bereits vorweisen.

Im Rahmen dieser Arbeit wurden drei Datensätze aufbereitet, simuliert und analysiert. Da die Modellumstellung zeitgleich dazu erfolgte, basieren die numerischen Modelle der Datensätze B002 und B003 (prae/post) auf der volumenbasierten Methode. Um den Einfluss der Anzahl der Lungenvenen zu untersuchen sowie die Software- und Methodenumstellung zu bewerten, wurde der Referenzdatensatz B001 sowohl mit dem volumenbasierten Modell (2 Lungenvenen) als auch mit dem oberflächenbasierten Modell (4 Lungenvenen) aufbereitet und simuliert. Die Analyse der Strömungsstruktur zeigte, dass diese weniger von der Anzahl als von dem Einströmwinkel der Lungenvenen beeinflusst ist. Es ist im Rahmen dieser Arbeit erstmals gelungen, das strömungsmechanische Zusammenspiel zwischen Vorhof und Ventrikel des linken Herzens zu untersuchen. Insbesondere wurde am erkrankten Datensatz deutlich, wie sensibel das System auf anatomische Veränderungen reagiert.

Bei der Validierung des KaHMo^{MRT} wurde sowohl das volumenbasierte als auch das oberflächenbasierte Modell betrachtet. Da der Vergleich mit *in vivo* ermittelten Messdaten aufgrund der geringen Auflösung im Tomographen nur qualitativ möglich ist, wurde ein Valdierungsexperiment durchgeführt. Als Grundlage diente ein von patientenspezifischen Daten abgeleitetes Silikonherz bestehend aus Ventrikel und Vorhof. Dieses wurde mit einem speziellen Pumpkonzept, das eine auflagefreie Bewegung zulässt, zyklisch aufgebläht. Mittels Particle-Image-Velocimetry wurde die Strömung in planaren Schnitten erfasst. Die aus der Messung extrahierte Oberflächeninformation diente wiederum der Modellerstellung. Auf diese Weise ließen sich die numerischen Ergebnisse denen aus dem Experiment gegenüberstellen. Beide KaHMo^{MRT}-Modellvarianten zeigten sowohl qualitativ als auch quantitativ eine hervorragende Übereinstimmung, so dass das KaHMo^{MRT} als abschließend validiert betrachtet werden kann.

Für die Entwicklung charakterisierender Kennzahlen, die den Erfolg einer Operation aus strömungsmechanischer Sicht quantitativ bewerten, wurde die in den Ingenieurwissenschaften gängige Methode der Dimensionsanalyse angewendet. Die physiologischen, geometrischen und strömungsmechanischen Einflussgrößen für eine mittlere Herzströmung wurden hinsichtlich ihrer Anwendbarkeit analysiert und bewertet. Die anschließende Durchführung ergab einen funktionalen Zusammenhang zwischen der Dimensionslosen Pumparbeit, der mittleren Reynoldszahl und der mittleren Womersleyzahl: $O = f(Re, Wo)$. Dieser wurde mit den Werten der Datensätze bestätigt. Die dimensionslose Pumparbeit beinhaltet neben der aufzubringenden Druck-Volumen-Arbeit die Verweilzeit des Blutes, die rheologischen Eigenschaften in Form der effektiven Viskosität sowie das resultierende Schlagvolumen und stellt einen neuen Zusammenhang krankheitsbeschreibender Größen dar.

Mit der erfolgreichen Modellumstellung, der Validierung des Modells sowie der Entwicklung aussagekräftiger Kennzahlen ist das KaHMo^{MRT} nun auf dem Stand, dieses in die klinische Anwendung zu integrieren. Dazu wurde ein Konzept entwickelt, welches sich aus mehreren Disziplinen zusammensetzt. Im Vordergrund steht die Automatisierung des KaHMo^{MRT} von der Datenaufnahme bis zum Simulationsergebnis. Die dazu erforderlichen Schritte wurden im Rahmen dieser Arbeit aufgezeigt.

Mit der Implementierung des Vorhofs wurde der Anforderung genüge getan, die Einströmbedingungen in den Ventrikel physiologisch genauer abzubilden. Weiterführend stellt sich die Frage, welchen Einfluss die Trabelkularisierung und die Papillarmuskelansätze auf Strömungsstruktur haben. Deren Implementierung ist aufgrund der manuellen Oberflächennetzerstellung derzeit nicht möglich. Eine Erweiterung des der Segmentierung zugrunde liegenden *Mittleren Modells* um diese Innenstrukturen ist daher anzudenken. In Anbetracht dieser Modellerweiterung sowie der genannten Integration des KaHMo^{MRT} in die klinische Anwendung stellt die Verbesserung und Automatisierung der Segmentierung die größte Herausforderung zukünftiger Arbeiten dar.

A Anhang

A.1 Gewichtung der Referenzdatensätze

Die Tabelle A.1 zeigt die Gewichtung der bearbeiteten Datensätze gesunder Probanden. Da sich der Einfluss der betrachteten Faktoren quantitativ nicht ermitteln lässt, werden die Tendenzen $++, +, -$ und $--$ vergeben und danach die Ausssage getroffen, zu wieviel Prozent der jeweilige Datensatz in den Referenzwert einfließt.

Gewichtung der Datensätze							
	B001 Fluent		B001 StarCD		F001		L001	
Aufnahmeart	CT	+	CT	+	MRT	-	MRT	-
Segmentierung	Philips	+	Philips	+	Fraunhofer	-	Philips	+
Klappen	bewegt	+	bewegt	+	bewegt	+	starr	-
Ejektionsfraktion	62%	+	62%	+	61%	+	56%	-
Vorhof	4 Zuläufe bewegt	++	2 Zuläufe bewegt	+	1 Zulauf generisch	- -	2 Zuläufe starr	+
Netz	Tetraeder	+	Hexaeder	-	Hexaeder	-	Hexaeder	-
Gewichtung	100%		80%		40%		60%	

Tabelle A.1: Gewichtung der Datensätze B001 Fluent, B001 StarCD, F001 und L001

Aus den prozentualen Angaben ergeben sich folgende Referenzwerte für die Diagramme der Abbildung 8.10:

Referenzwerte	O	Re	Wo
	$3,4 \cdot 10^6$	2400	50

A.2 Tabellen patientenspezifischer Daten

- Tabelle A.2: Quantitative Erfassung der Datensätze F001, L002 und B002
- Tabelle A.3: Quantitative Erfassung der Datensätze F002 prae und post
- Tabelle A.4: Quantitative Erfassung der Datensätze F003 prae, post und 4month

Datensätze F001 L001 B002					
patientenspezifische Angaben		Einheit	F001	L001	B002
Geschlecht	-	-	m	m	m
Alter	-	-	33	-	39
Größe	-	m	1,76	-	1,79
Gewicht	-	kg	70	-	90
Krankheitsbild	-	-	-	-	-
NYHA	-	-	-	-	-
Operationsart	-	-	-	-	-
Aktueller Zustand	-	-	-	-	-
Blutdruck	-	$mmHg$	-	-	115/80
Hämatokrit	Hkt	%	-	-	41
zeitliche Angaben		Einheit	F001	L001	B002
Puls	HR	$1/min$	79	75	49
Zykluszeit	T_0	s	0,760	0,800	1,224
Diastolische Zeit	t_{dia}	s	0,490	0,450	0,781
Systolische Zeit	t_{sys}	s	0,270	0,350	0,443
geometrische Angaben		Einheit	F001	L001	B002
Schlagvolumen	V_S	ml	102,00	90,98	96,00
Enddiast. Volumen	V_{dia}	ml	166,00	162,17	178,00
Endsyst. Volumen	V_{sys}	ml	64,00	71,19	82,00
Mitralklappenfläche	A_{mi}	mm^2	640,00	454,00	563,88
Aortenklappenfläche	A_{ao}	mm^2	372,00	301,30	383,00
Mitralklappendurchmesser	D_{mi}	mm	28,54	24,04	26,79
Aortenklappendurchmesser	D_{ao}	mm	21,76	19,58	22,08
Strömungsgrößen		Einheit	F001	L001	B002
Mittl. Mitralgeschwindigkeit	$\bar{v}_{dia}$	m/s	0,33	0,45	0,22
Mittl. Aortengeschwindigkeit	$\bar{v}_{sys}$	m/s	1,02	0,86	0,57
Mittl. effektive Viskosität	$\bar{\mu}_{eff}$	g/ms	5,37	4,76	6,27
Dichte	ρ	kg/m^3	1008	1008	1008
Kennzahlen		Einheit	F001	L001	B002
Mittlere Reynoldszahl	Re	—	2328	2868	1219
Mittlere Womersleyzahl	Wo	—	52,6	51,6	31,5
Durchmischungsgrad	M_1	%	33,0	39,5	41,91
Durchmischungsgrad	M_4	%	2,0	3,0	4,7
Verweilzeit (20% Restblut)	t_b	s	0,93	1,01	2,14
pV-Arbeit	A_p	Nm	1,84	1,51	1,25
Leistung	P	W	2,42	1,89	1,02
Ejektionsfraktion	EF	%	61,45	56,10	53,93
Dimensionslose Pumparbeit	O	—	$3,13 \cdot 10^6$	$3,52 \cdot 10^6$	$4,44 \cdot 10^6$
Cardiac Output	CO	l/min	8,06	6,82	4,70

Tabelle A.2: Quantitative Erfassung der Datensätze F001, L001 und B002

Datensatz F002 (prae, post)				
patientenspezifische Angaben		Einheit	F002 prae	F002 post
Geschlecht	-	-	w	
Alter	-	-	56	
Größe	-	m	$1,60$	
Gewicht	-	kg	59	67
Krankheitsbild	-	-	Hypertonie, vegetative Dystonie, Hypercholesterinämie	
NYHA	-	-	III	-
Operationsart	-	-	Revaskularisation, Bypass	
Aktueller Zustand	-	-	angina pec.	-
Blutdruck	-	$mmHg$	120/85	120/85
Hämatokrit	Hkt	%	40	30
zeitliche Angaben		Einheit	prae	post
Puls	HR	$1/min$	66	72
Zykluszeit	T_0	s	$0,909$	$0,833$
Diastolische Zeit	t_{dia}	s	$0,540$	$0,490$
Systolische Zeit	t_{sys}	s	$0,370$	$0,340$
geometrische Angaben		Einheit	prae	post
Schlagvolumen	V_S	ml	$26,82$	$22,74$
Enddiast. Volumen	V_{dia}	ml	$175,25$	$128,54$
Endsyst. Volumen	V_{sys}	ml	$148,43$	$105,80$
Mitralklappenfläche	A_{mi}	mm^2	$492,28$	$492,28$
Aortenklappenfläche	A_{ao}	mm^2	$334,78$	$334,78$
Mitralklappendurchmesser	D_{mi}	mm	$25,04$	$25,04$
Aortenklappendurchmesser	D_{ao}	mm	$20,65$	$20,65$
Strömungsgrößen		Einheit	prae	post
Mittl. Mitralgeschwindigkeit	$\bar{v}_{dia}$	m/s	$0,10$	$0,09$
Mittl. Aortengeschwindigkeit	$\bar{v}_{sys}$	m/s	$0,22$	$0,20$
Mittl. effektive Viskosität	$\bar{\mu}_{eff}$	g/ms	$7,56$	$7,46$
Dichte	ρ	kg/m^3	1008	1008
Kennzahlen		Einheit	prae	post
Mittlere Reynoldszahl	Re	—	285	253
Mittlere Womersleyzahl	Wo	—	$10,5$	$11,2$
Durchmischungsgrad	M_1	%	$82,0$	$80,3$
Durchmischungsgrad	M_4	%	$43,5$	$39,4$
Verweilzeit (20% Restblut)	t_b	s	$6,77$	$5,41$
pV-Arbeit	A_p	Nm	$0,40$	$0,34$
Leistung	P	W	$0,44$	$0,41$
Ejektionsfraktion	EF	%	$15,30$	$17,69$
Dimensionslose Pumparbeit	O	—	$1,33 \cdot 10^7$	$1,09 \cdot 10^7$
Cardiac Output	CO	l/min	$1,77$	$1,64$

Tabelle A.3: Quantitative Erfassung des Datensatzes F002 (prae/post)

Datensatz F003 (prae, post, 4month)					
patientenspezifische Angaben		Einheit	F003 prae	F003 post	F003 4month
Geschlecht	-	-	m		
Alter	-	-	48		
Größe	-	m	$1,60$		
Gewicht	-	kg	83		
Krankheitsbild	-	-	Dyskinesie im Apex, Akinese an der Vorderwand		
NYHA	-	-	II	-	I
Operationsart	-	-	Revaskularisation, Bypass		
Aktueller Zustand	-	-	-	-	-
Blutdruck	-	$mmHg$	110/70	125/80	125/72
Hämatokrit	Hkt	%	$46,5$	$33,9$	—
zeitliche Angaben		Einheit	prae	post	4month
Puls	HR	$1/min$	72	103	95
Zykluszeit	T_0	s	$0,833$	$0,583$	$0,632$
Diastolische Zeit	t_{dia}	s	$0,501$	$0,327$	$0,328$
Systolische Zeit	t_{sys}	s	$0,332$	$0,256$	$0,304$
geometrische Angaben		Einheit	prae	post	4month
Schlagvolumen	V_S	ml	$39,00$	$54,00$	$50,00$
Enddiast. Volumen	V_{dia}	ml	$253,00$	$208,00$	$176,00$
Endsyst. Volumen	V_{sys}	ml	$214,00$	$155,00$	$126,00$
Mitralklappenfläche	A_{mi}	mm^2	$475,00$	$475,00$	$475,00$
Aortenklappenfläche	A_{ao}	mm^2	$372,00$	$372,00$	$372,00$
Mitralklappendurchmesser	D_{mi}	mm	$24,00$	$24,00$	$24,00$
Aortenklappendurchmesser	D_{ao}	mm	$21,80$	$21,80$	$21,80$
Strömungsgrößen		Einheit	prae	post	4month
Mittl. Mitralgeschwindigkeit	$\bar{v}_{dia}$	m/s	$0,16$	$0,35$	$0,32$
Mittl. Aortengeschwindigkeit	$\bar{v}_{sys}$	m/s	$0,32$	$0,56$	$0,45$
Mittl. effektive Viskosität	$\bar{\mu}_{eff}$	g/ms	$7,32$	$5,47$	$5,78$
Dichte	ρ	kg/m^3	1008	1008	1008
Kennzahlen		Einheit	prae	post	4month
Mittlere Reynoldszahl	Re	—	516	1525	1201
Mittlere Womersleyzahl	Wo	—	$10,4$	$25,6$	$26,4$
Durchmischungsgrad	M_1	%	$86,0$	$67,0$	$67,0$
Durchmischungsgrad	M_4	%	$56,0$	$23,0$	$15,0$
Verweilzeit (20% Restblut)	t_b	s	$9,13$	$2,52$	$2,14$
pV-Arbeit	A_p	Nm	$0,47$	$0,75$	$0,68$
Leistung	P	W	$0,56$	$1,29$	$1,08$
Ejektionsfraktion	EF	%	$15,00$	$26,00$	$29,00$
Dimensionslose Pumparbeit	O	—	$1,5 \cdot 10^7$	$6,40 \cdot 10^6$	$5,00 \cdot 10^6$
Cardiac Output	CO	l/min	$2,81$	$5,56$	$4,75$

Tabelle A.4: Quantitative Erfassung des Datensatzes F003 (prae/post/4month)

A.3 Ergänzung zu Reynoldszahl und Womersleyzahl

Die charakteristischen Größen der in Kapitel 3.4 beschriebenen Reynoldszahl Re und Womersleyzahl Wo beziehen sich in dieser Arbeit auf eine mittlere Herzströmung. Eine weitere Möglichkeit ist die gesonderte Betrachtung der diastolischen bzw. systolischen Herzströmung:

$$Re_{D,sys/dia} = \frac{\rho \cdot \bar{v}_{sys/dia} \cdot D_{aor/mi}}{\bar{\mu}_{eff}} \qquad Wo^2_{sys/dia} = \frac{\rho \cdot \omega \cdot D^2_{aor/mi}}{\bar{\mu}_{eff}} \qquad (A.1)$$

Charakteristische Geschwindigkeit $\bar{v}_{sys/dia}$:
Die für die beiden Phasen charakteristische Geschwindigkeit wird aus dem Schlagvolumen und dem Produkt von systolischer bzw. diastolischer Zeit und dem Klappendurchmesser der Aorten- bzw. Mitralklappe gebildet:

$$\bar{v}_{sys/dia} = \frac{V_S}{t_{sys/dia} \cdot A_{aor/mi}} \qquad (A.2)$$

Charakteristische Länge $D_{aor/mi}$:
Die Berechnung erfolgt über die Klappenfläche der Aorten- bzw. Mitralklappe und stellt einen zur Klappenfläche äquivalenten Durchmesser dar.

Kreisfrequenz ω :
Die Kreisfrequenz wird für beide Phasen mit der Gesamtzykluszeit T_0 gebildet:

$$\omega = \frac{2 \cdot \pi}{T_0} \qquad (A.3)$$

In Tabelle A.5 sind die jeweiligen Reynoldszahlen und Womersleyzahlen für die einzelen Datensätze zusammengetragen:

Ergänzung charakteristischer Kennzahlen				
Datensätze	Re_{sys}	Re_{dia}	Wo_{sys}	Wo_{dia}
B001	3468	1588	25	28
B002	2009	939	20	24
F001	4150	1750	27	36
L001	3566	2294	25	31
F002 prae	596	337	20	24
F002 post	557	319	21	25
F003 prae	944	554	22	25
F003 post	2266	1570	31	35
F003 4min	1692	1389	29	32
B003 prae	2086	919	21	25
B003 post	2674	1038	24	28
V001	1869	1324	15	16

Tabelle A.5: systoliscche und diastolische Reynoldszahl und Womersleyzahl

Nomenklatur

Lateinische Symbole

$\boldsymbol{A}$	Geschwindigkeitsgradientenfeld
$\boldsymbol{S}$	Scherratentensor
$\boldsymbol{b}_i$	Punkte für Bézierkurve
$\boldsymbol{D}$	Verschiebungsvektor
$\boldsymbol{f}$	Volumenkraftvektor
$\boldsymbol{I}$	Impulsvektor
$\boldsymbol{x}$	Ortsvektor mit den Komponenten $(x, y, z)^T$
$\boldsymbol{v}$	Geschwindigkeitsvektor mit den Komponenten $(u, v, w)^T$
a, b, N	Parameter für Viskositätsmodell
B_0	Magnetfeld
H	Wasserstoffatom
HF	Wechselfeld
HU	Hounsfield-Einheit
L_{char}	charakteristische Länge
m	Masse
M_z	Magnetisierung
n	Zeitschritt
p	Druck
P, Q, R	Invarianten des Geschwindigkeitsgradientenfelds
Q_i	dimensionsbehaftete Einzelgröße
S	Oberfläche
t	Zeit
t_0	Zeitkonstante
Δt	Zeitschrittweite
T	Temperatur
V	Volumen
v_{char}	charakteristische Geschwindigkeit
x_i	Zahlenwert des Basisgrößen
$\{X_i\}$	Basisgrößensystem

Griechische Symbole

τ	Schubspannungstensor
α, β	Klappenwiderstandskoeffizienten
$\dot{\gamma}$	Scherrate
ν	kinematische Viskosität
μ	dynamische Viskosität
μ_0	Grenzviskosität für niedrige Scherraten
μ_∞	Grenzviskosität für hohe Scherraten
μ'	Dipolmoment
ω	Kreisfrequenz
ω_0	Larmor-Frequenz
ω_{HF}	Frequenz des HF-Feldes
ϕ	Transportgröße
Φ	Dissipationsfunktion
Π_i	dimensionslose Größe
ρ	Dichte

Mathematische Operatoren

∇	Nabla-Operator
Δ	Laplace-Operator

Herzspezifische Kennzahlen

A_p	Druck-Volumen-Arbeit
A_{ao}	Aortenklappenfläche
A_{mi}	Mitralklappenfläche
$\bar{A}$	mittlere Klappenfläche
D_{ao}	Aortenklappendurchmesser
D_{mi}	Mitralklappendurchmesser
$\bar{D}$	charakteristischer Durchmesser
Hkt	Hämatokrit
HR	Herzrate (Puls)
M_i	Durchmischungsgrad
P	Leistung
T_0	Zykluszeit
t_b	Verweilzeit

t_{dia}	diastolische Zeit
t_{sys}	systolische Zeit
V_S	Schlagvolumen
V_{dia}	enddiastolisches Volumen
V_{sys}	endsystolisches Volumen
$\bar{v}_{dia}$	mittlere Mitralgeschwindigkeit
$\bar{v}_{sys}$	mittlere Aortengeschwindigkeit
$\bar{v}$	mittlere Geschwindigkeit
$\bar{\mu}_{eff}$	mittlere effektive Viskosität
$\overline{Re}$	mittlere Reynoldszahl
$\overline{Wo}$	mittlere Womersleyzahl
EF	Ejektionsfraktion
O	Dimensionslose Pumparbeit
CO	Cardiac Output

Abbildungsverzeichnis

Tabellenverzeichnis

Literaturverzeichnis

[1] *Handbuch Fluent: User's Guide, Version 6.3.*

[2] *Handbuch Matlab, Version R2006b.*

[3] *Handbuch StarCD: Methodology, Version 3.24.*

[4] *Handbuch StarCD: User's Guide, Version 3.24.*

[5] Jahresbericht der Eurotransplant Int. Foundation (www.eurotransplant.nl); 2007.

[6] Jahresbericht des Statistischen Bundesamts (www.destatis.de); 2007.

[7] AKUTSU, T., SAITO, J., IMAI, R., SUZUKI, T. und CAO, X.: Dynamic particle image velocimetry study of the aortic flow field of contemporary mechanical bileaflet prostheses; in: *Journal of Artificial Organs*; 11(2):75–90; 2008.

[8] ATHANASULEAS, C., STANLEY, A., BUCKBERG, G., DOR, V., DIDONATO, M., SILER, W. und RESTORE: Surgical anterior ventricular endocardial restoration (SA-VER) for dilated ischemic cardiomyopathy; in: *Seminars in Thoracic and Cardiovascular Surgery*; 13(4):448–458; 2001.

[9] BARSOTTI, A. und DINI, F.: From left Ventricular Dynamics to the Pathophysiology of the Failing Heart; in: *CSIN Course and Lectures; International Center for Mechanical Sciences, Springer*; Seiten 235–247; 2003.

[10] BIRD, R., ARMSTRONG, C. und HASSAGER, O.: *Dynamics of Polymeric Liquids*; Band 1; Wiley-Verlag; 1987.

[11] BOTNAR, R., RAPPITSCH, G., SCHEIDEGGER, M., LIEPSCH, D., PERKTOLD, K. und BOESIGER, P.: Hemodynamics in the carotid artery bifurcation: a comparison between numerical simulations and in vitro MRI measurements; in: *Journal of Biomechanics*; 33(2):137–144; 2000.

[12] BREITSCHWERT, A.: *Dimensionanalyse der Strömung im linken Herzen*; Studienarbeit, Institut für Strömungslehre, Universität Karlsruhe (TH); 2007.

[13] BROWN, R.: The Physics of Continuous Flow Centrifugal Cell Separation; in: *Artificial Organs*; 13:4–20; 1989.

[14] BUZUG, T.: *Einführung in die Computertomographie: Mathematisch-physikalische Grundlagen der Bildrekonstruktion*; Springer-Verlag; 2004.

[15] CENDESE, A., DELPRETE, Z., MIOZZI, M. und G.QUERZOLI: A laboratory investigation of the flow in the left ventricle of a human heart prothetic, tilting -disk valves; in: *Experiments in Fluids*; 39:322–335; 2005.

[16] CHENG, Y., OERTEL, H. und SCHENKEL, T.: Fluid-structure coupled CFD simulation of the left ventricular flow during filling phase; in: *Annals of Biomedical Engineering*; 33:567–576; 2005.

[17] CHIEN, S., USAMI, S., TAYLOR, H., LUNDBERG, J. und GREGERSEN, M.: Effects of hematocrit and plasma proteins on human blood rheology at low shear rates; in: *Journal of Applied Physiology*; 21:81–87; 1966.

[18] COKELET, G., MERRILL, E., GILLILAND, E., SHIN, H., BRITTEN, A. und WELLS, R.: The Rheology of Human Blood - Measurement Near and at Zero Shear Rate; in: *Journal of Rheology*; 7:303–317; 1963.

[19] DOENST, T., SCHLENSAK, C. und BEYERSDORF, F.: Ventrikelrekonstruktion bei ischämischer Kardiomyopathie; in: *Deutsches Ärzteblatt*; 101:A570–A576; 2004.

[20] DOENST, T., SPIEGEL, K., REIK, M., MARKL, M., HENNIG, J., NITZSCHE, S., BEYERSDORF, F. und OERTEL, H.: Fluid-Dynamic Modeling of the Human Left Ventricle: Methodology and Application to Surgical Ventricular Reconstruction; in: *Annals of Thoracic Surgery*; 87:1187–1195; 2009.

[21] DONISI, S.: *Numerische Simulation der Strömung im erkrankten und operiertem Ventrikel eines menschlichen Herzens*; Dissertation; Universität Karlsruhe (TH); 2005.

[22] DREIZLER, M.: *Techniken zur Erzeugung topologisch identischer Oberflächen*; Studienarbeit, Institut für Strömungslehre, Universität Karlsruhe; 2008.

[23] EBBERS, T., WIGSTRÖM, L., BOLGER, A., WRANNE, B. und KARLSSON, M.: Noninvasive measurement of time-varying three-dimensional relative pressure fields within the human heart.; in: *Journal of Biomechanical Engineering*; 124:288–293; 2002.

[24] ECABERT, O., PETERS, J., LORENZ, C., VON BERG, J., VEMBAR, M., SUBRAMANYAN, K., LAVI, G. und WEESE, J.: Towards automatic full heart segmentation in computed-tomography images; in: *Computers in Cardiology*; 32:223–226; 2005.

[25] ECABERT, O., PETERS, J., SCHRAMM, H., LORENZ, C., VON BERG, J., WALKER, M., VEMBARAND, M., OLSZEWSKI, M., SUBRAMANYAN, K., LAVI, G. und WEESE, J.: Automatic Model-Based Segmentation of the Heart in CT Images; in: *IEEE Transactions on Medical Imaging*; 27:1189–1201; 2008.

[26] FALLER, A. und SCHÜNKE, M.: *Der Körper des Menschen-Einführung in Bau und Funktion*; Thieme-Verlag; 2004.

[27] FERZIGER, J. und PERIC, M.: *Numerische Strömungsmechanik*; Springer-Verlag; 2008.

[28] FOX, R., MCDONALD, A. und PRITCHARD, P.: *Introduction to Fluid Mechanics*; Wiley-Verlag; 6. Auflage; 2004.

[29] FUNG, Y.-C.: *Biomechanics: Mechanical Properties of Living Tissues*; Springer-Verlag; 2. Auflage; 1993.

[30] FUNG, Y.-C.: *Biomechanics: Circulation*; Springer-Verlag; 2. Auflage; 2002.

[31] FYRENIUS, A., WIGSTRÖM, L., EBBERS, T., KARLSSON, M., ENGVALLA, J. und BOLGER, A.: Three dimensional flow in the human left atrium; in: *Heart*; 86:448–455; 2001.

[32] GIJSEN, F., ALLANIC, E., VAN DE VOSSE, F. und JANSSEN, J.: The influence of the non-Newtonian properties of blood on the flow in large arteries: unsteady flow in a 90 degrees curved tube; in: *Journal of Biomechanics*; 32:705–713; 1999.

[33] GOLENHOFEN, K.: *Basislehrbuch Physiologie*; Urban&Fischer-Verlag; 3. Auflage; 2004.

[34] GREIL, O., PFLUGBEIL, G., WEIGAND, K., WEISS, W., LIEPSCH, D., MAURER, P. und BERGER, H.: Changes in Carotid Artery Flow Velocities After Stent Implantation: A Fluid Dynamics Study With Laser Doppler Anemometry; in: *Journal of Endovascular Therapy*; 10(2):275–284.; 2003.

[35] GRILLENBERGER, A. und FRITSCH, E.: *Computertomographie: Eine Einführung in ein modernes bildgebendes Verfahren*; Facultas Universitätsverlag; 2007.

[36] GÖRTLER, H.: *Dimensionsanalyse*; Springer-Verlag; 1975.

[37] HOPPE, U., BÖHM, M., DIEZ, R., HANRATH, P., KROEMER, H., OSTERSPEY, A., SCHMALTZ, A. und E.ERDMANN: Leitlinien zur Therapie der chronischen Herzinsuffizienz; in: *Zeitschrift für Kardiologie*; 94:488–509; 2005.

[38] HUCH, R. und JÜRGENS, K.: *Mensch, Körper, Krankheit*; Urban&Fischer-Verlag; 5. Auflage; 2007.

[39] HUNTER, P., MCCULLOCH, A. und TER KEURS, H.: Modelling the mechanical properties of cardiac muscle; in: *Progress in Biophysics and Molecular Biology*; 69:289–331; 1998.

[40] JEONG, J. und HUSSAIN, F.: On the identification of a vortex; in: *Journal of Fluid Mechanics*; 285:69–94; 1995.

[41] JONES, R., VELAZQUEZ, E., MICHLER, R., SOPKO, G., OH, J., O'CONNOR, C., HILL, J., MENICANTI, L., SADOWSKI, Z., DESVIGNE-NICKENS, P., ROULEAU, J.-L. und LEE, K.: Coronary Bypass Surgery with or without Surgical Ventricular Reconstruction; in: *The New England Journal of Medicine*; 360:1705–1717; 2009.

[42] JONES, T. und METAXAS, D.: Patient-specific analysis of left ventricular blood flow; in: *Lecture Notes in Computer Science: Medical Image Computing and Computer-Assisted Interventation*; 1496:156–166; 1998.

[43] JUNG, B., FÖLL, D., BÖTTLER, P., PETERSEN, S., HENNIG, J. und MARKL, M.: Detailed analysis of myocardial motion in volunteers and patients using high-temporal-resolution MR tissue phase mapping.; in: *Journal of magnetic resonance imaging*; 24(5):1033–1039; 2006.

[44] KAMINSKY, R., KALLWEIT, S., WEBER, H.-J., CLAESSENS, T., JOZWIK, K. und VERDONCK, P.: Flow visualization through two types of aortic prosthetic heart valves using stereoscopic high-speed particle image velocimetry; in: *Journal of Artificial Organs*; 31(12):869–879; 2007.

[45] KEBER, R.: *Simulation der Strömung im linken Ventrikel eines menschlichen Herzens*; Dissertation; Universität Karlsruhe (TH); 2003.

[46] KILNER, P., YANG, G.-Z., WILKES, A., MOHIADDIN, R., FIRMIN, D. und YACOUB, M.: Asymmetric redirection of flow through the heart; in: *Nature*; 404:759–761; 2000.

[47] KIM, W.-Y., WALKER, P., PEDERSEN, E., POULSEN, J., OYRE, S., HOULIND, K. und YOGANATHAN, A.: Left ventricular blood flow patterns in normal subjects: a quantitative analysis by three-dimensional magnetic resonance velocity mapping; in: *Journal of the American College of Cardiology*; 26:224–238; 1995.

[48] KINI, V., BACHMANN, C., FONTAINE, A., DEUTSCH, S. und TARBELL, J.: Integrating Particle Image Velocimetry and Laser Doppler Velocimetry Measurements of the Regurgitant Flow Field Past Mechanical Heart Valves; in: *Artificial Organs*; 25(2):136 – 145; 2001.

[49] KLAUS, S.: *Bluttraumatisierung bei der Passage zeitkonstanter und zeitvarianter Schönfelder*; Dissertation; RWTH Aachen; 2004.

[50] KRITTIAN, S.: *Modellierung der kardialen Strömung-Struktur-Wechselwirkung : Implicit coupling for KaHMo FSI*; Dissertation; Universität Karlsruhe (TH); 2009.

[51] KUNSCH, K. und KUNSCH, S.: *Der Mensch in Zahlen - Eine Datensammlung in Tabellen mit über 20000 Einzelwerten*; Spektrum-Verlag; 2. Auflage; 2000.

[52] KVITTING, J.-P., BRANDT, E., WIGSTRÖM, L. und ENGVALL, J.: Visualization of Flow in the Aorta Using Time-resolved 3D Phase Contrast MRI; in: *Proceedings of the International Society for Magnetic Resonance in Medicine*; 3:378; 2001.

[53] LAURIEN, E. und OERTEL, H.: *Numrische Strömungsmechanik*; Vieweg-Verlag; 3. Auflage; 2009.

[54] LEGRICE, I., HUNTER, P. und SMAILL, B.: Laminar structure of the heart: a mathematical model; in: *AJP-Heart and Circulatory Physiology*; 272:2466–2476; 1997.

[55] LEMMON, J. und YOGANATHAN, A.: Computational modeling of left heart diastolic function : Examination of ventricular dysfunction; in: *Journal of Biomechanical Engineering*; 122:297–303; 2000.

[56] LIEPSCH, D.: *Strömungsuntersuchungen an Modellen menschlicher Blutgefäß-Systeme*; VDI Fortschrittsberichte; 1987.

[57] LIEPSCH, D.: An introduction to biofluid mechanics—basic models and applications; in: *Journal of Biomechanics*; 35(4):415–435; 2000.

[58] LIEPSCH, D., MORAVEC, S. und BAUMGART, R.: Some flow visualization and laser-Doppler-velocity measurements in a true-to-scale elastic model of a human aortic arch : a new model technique; in: *Biorheology*; 29:563–580; 1992.

[59] LIEPSCH, D., THURSTON, G. und LEE, M.: Viscometer studies simulating blood-like fluids and their applications in models af arterial branches; in: *Biorheology*; 28:39–62; 1991.

[60] LONG, Q., MERRIFIELD, R., XU, X., KILNER, P., FIRMIN, D. und YANG, G.-Z.: Intra-ventricular blood flow simulation with patient specific geometry; in: *Proceedings of the 4th IEEE Conference on Information Technology Applications in Biomedicine*; Seiten 126–129; 2003.

[61] LONG, Q., MERRIFIELD, R., YANG, G.-Z., KILNER, P. und FIRMIN, D.: The Influence of Inflow Boundary Conditions in Intra Ventricle Flow Predictions; in: *Journal of Biomedical Engineering*; 125:922–927; 2003.

[62] LORENZ, C., WALKER, E., MORGAN, V., KLEIN, S. und GRAHAM, T.: Normal Human Right and Left Ventrikular Mass, Systolic Function, and Gender Differences by Cine Magnetic Resonance Imaging; in: *Journal of Cardiovascular Magnetic Reseonance*; 1:7–21; 1999.

[63] MACOSKO, C.: *Rheology : principles, measurements, and applications*; Wiley-Verlag; 1994.

[64] MALVÈ, M.: *Weiterentwicklung des Modells KaHMo - Modellierung der menschlichen Herzklappen und deren Defekte*; Dissertation; Universität Karlsruhe (TH); 2006.

[65] MARKL, M., CHAN, F., ALLEY, M., WEDDING, K., DRANEY, M., ELKINS, C., PARKER, D., WICKER, R., TAYLOR, C., HERFKENS, R. und PELC, N.: Time-resolved three-dimensional phase-contrast MRI; in: *Journal Magnetic Resonance Imaging*; 17:499–506; 2003.

[66] McQUEEN, D. und PESKIN, C.: A three-dimensional computer model of the human heart for studying cardiac fluid dynamics; in: *ACM SIGGRAPH Computer Graphics*; 34:56–60; 2000.

[67] MERILL, E. und PELLETIER, G.: Viscosity of human blood: transition from Newtonian to non-Newtonian; in: *Journal of Applied Physiology*; 23:178–182; 1967.

[68] MERRIFIELD, R., LONG, Q., XU, Z. und YANG, G.-Z.: Blood Flow Simulation, Patient-Specific in-vivo; in: *Encyclopaedia of Biomedical Engineering*; Seiten 593–604; 2006.

[69] MEYER, S.: *Numerische Simulation der Strömung im Aortenbogen*; Dissertation; Universität Karlsruhe (TH); 2003.

[70] MOORE, J., KUTT, B., KARLIK, S., YIN, K. und ETHIER, C.: Computational Blood Flow Modeling Based on In Vivo Measurements; in: *Annals of Biomedical Engineering*; 27:627–640; 1999.

[71] MUTSCHLER, E., SCHAIBLE, H.-G. und VAUPEL, P.: *Anatomie Physiologie Patho-physiologie des Menschen*; Wissenschaftlische Verlagsgesellschaft; 6. Auflage; 2007.

[72] NAKAMURA, M., WADA, S., MIKAMI, T., KITABATAKE, A. und KARINO, T.: A Computational Fluid Mechanical Study on the Effects of Opening and Closing of the Mitral Orifice on a Transmitral Flow Velocity Profile and an Early Diastolic Intraventricular Flow; in: *JSME International Journal Series C*; 45:913–922; 2002.

[73] NAKAMURA, M., WADA, S., MIKAMI, T., KITABATAKE, A. und KARINO, T.: Computational study on the evolution of an intraventricular vortical flow during early diastole for the interpretation of color M-mode Doppler echocardiograms; in: *Biomechanics and Modeling in Mechanobiology*; 2:59–72; 2003.

[74] NAKAMURA, M., WADA, S. und YAMAGUCHI, T.: Computational Analysis of Blood Flow in an Integrated Model of the Left Ventricle and the Aorta; in: *Journal of Biomechanical Engineering*; 128:837–843; 2006.

[75] NAKAMURA, M., WADA, S. und YAMAGUCHI, T.: Influence of the Opening Mode of the Mitral Valve Orifice on Intraventricular Hemodynamics; in: *Annals of Biomedical Engineering*; 36:927–935; 2006.

[76] NASH, M. und HUNTER, P.: Computational Mechanics of the Heart - From Tissue Structure to Ventricular Function; in: *Journal of Elasticity*; 61:113–141; 2000.

[77] NAUJOKAT, E.: *Ein Beobachtersystem für den Patientenzustand in der Herzchirurgie*; Dissertation; Universität Karluhe (TH); 2002.

[78] NAUJOKAT, E. und KIENKE, U.: Neuronal and Hormonal cardiac control process in a model of the human circulatory system; in: *International Journal of Bioelectromagnetism*; 2(2); 2000.

[79] NICOL, E. und PADLEY, S.: Non-invasive cardiac imaging- current and emerging roles for multi-detector row computed tomography; in: *The British Journal of Cardiology*; 14:143–150; 2007.

[80] NITSCHE, W. und BRUNN, A.: *Strömungsmesstechnik*; Springer-Verlag; 2. Auflage; 2006.

[81] OERTEL, H.: *Prandtl's Essentials of Fluid Mechanics*; Springer Verlag, 2. Auflage; 2004.

[82] OERTEL, H.: Modelling the Human Cardiac Fluid Mechanics - 1st Edition; in: *Universitätsverlag Karlsruhe*; 2005.

[83] OERTEL, H.: *Prandtl - Führer durch die Strömungslehre*; Vieweg+Teubner Verlag; 12. Auflage; 2007.

[84] OERTEL, H.: *Bioströmungsmechanik: Grundlagen, Methoden und Phänomene*; Vieweg+Teubner-Verlag; 2008.

[85] OERTEL, H., BÖHLE, M. und DOHRMANN, U.: *Strömungsmechanik: Grundlagen - Grundgleichungen - Lösungsmethoden - Softwarebeispiele*; Vieweg+Teubner-Verlag; 5. Auflage; 2008.

[86] OERTEL, H., KRITTIAN, S. und SPIEGEL, K.: Modelling the Human Cardiac Fluid Mechanics - 3rd Edition; in: *Universitätsverlag Karlsruhe*; 2009.

[87] OERTEL, H., SPIEGEL, K. und DONISI, S.: Modelling the Human Cardiac Fluid Mechanics - 2nd Edition; in: *Universitätsverlag Karlsruhe*; 2006.

[88] PERKTOLD, K., M.RESCH und FLORIAN, H.: Pulsatile Non-Newtonian Flow Characteristics in a Three-Dimensional Human Carotid Bifurcation Model; in: *Journal of Biomechanics*; 113:464–475; 1991.

[89] PERKTOLD, K. und PROSI, M.: Computational Models of Arterial Flow and Mass Transport; in: *CISM Courses and Lectures: Cardiovascular Fluid Mechanics*; 446:73–136; 2003.

[90] PERSCHALL, M., SPIESS, H., SCHENKEL, T. und OERTEL, H.: Code Adapter for Arbitrary Prescribed Motion and Deformation using Fluent and MpCCI; in: *MpCCI 8th User Forum*; 2007.

[91] PESKIN, C. und MCQUEEN, D.: A General Method for the Computer Simulation of Biological Systems Interacting with Fluids; in: *Symposia of the Society for Experimental Biology*; 49:256–276; 1995.

[92] PESKIN, C. und MCQUEEN, D.: Fluid Dynamics of the Heart and its Valves; in: *Case Studies in Mathematical Modeling-Ecology,Physiology,and Cell Biology*; Seiten 309–337; 1996.

[93] PICART, C., PIAU, J.-M., GALLIARD, H. und CARPENTIER, P.: Human Blood shear yield stress and its hematocrit dependence; in: *Journal of Rheology*; 42:1–12; 1998.

[94] RAFFEL, M., WILLERT, C. und KOMPENHANS, J.: *Particle Image Velocimetry - A practical guide*; Band 2; Springer-Verlag; 2007.

[95] REIK, M.: *Simulation der Strömungsstruktur im menschlichen Herzen*; Dissertation; Universität Karlsruhe (TH); 2007.

[96] REIK, M., MEYROWITZ, G., SCHWARZ, M., DONISI, S., SCHENKEL, T. und KIENKE, U.: A 1D Circulation Model as Boundarzt Condition for a 3D Simulation of a Pumping Human Ventricle; in: *Proceedings of the 3rd European Medical and Biological Engineering Conference , Prag*; 11; 2005.

[97] REIK, M. und SPIEGEL, K.: Lastenheft: Segmentierung des linken und rechten Herzventrikels für Strömungssimulationen; Technischer Bericht; Institut für Strömungslehre, Universität Karlsruhe (TH); 2006.

[98] RUMMENY, E., REIMER, P. und HEINDEL, W.: *Ganzkörper MR-Tomographie*; Thieme-Verlag; 2. Auflage; 2005.

[99] SABER, N., GOSMAN, A., WOOD, N., KILNER, P., CHARRIER, C. und FIRMIN, D.: Computational flow modeling of the left ventricle based on in vivo MRI data: initial experience; in: *Annals of Biomedical Engineering*; 29:275–283; 2001.

[100] SABER, N., WOOD, N., GOSMAN, A., MERRIFIELD, R., YANG, G.-Z., CHARRIER, C., GATEHOUSE, P. und FIRMIN, D.: Progress Towards Patient-Specific Computational Flow Modeling of the Left Heart via Combination of Magnetic Resonance Imaging with Computational Fluid Dynamics; in: *Annals of Biomedical Engineering*; 31:42–52; 2003.

[101] SCHENKEL, T., MALVE, M., REIK, M., MARKL, M., JUNG, B. und OERTEL, H.: MRI-Based CFD Analysis of Flow in a Human Left Ventricle: Methodology and Application to a Healthy Heart; in: *Annals of Biomedical Engineering*; 37(3):503–515; 2009.

[102] SCHMID, T.: *Doppelpulsatiles Herzunterstützungssystem*; Dissertation; Technische Universität München; 2007.

[103] SCHMID, T., SCHILLER, W., SPIEGEL, K., STOCK, M., LIEPSCH, D., LACHKA, B., HIRZINGER, G., OERTEL, H. und WELZ, A.: Optimization of ventricle-shaped chambers for implantable DLR assist devise; in: *Journal of Biomechanics, abstracts of the 5th Wolrd Congress of Biomechanics*; 2005.

[104] SCHMIDT, R. und LANG, F.: *Physiologie des Menschen: Mit Pathophysiologoie*; Springer-Verlag; 30. Auflage; 2007.

[105] SCHMIDT, R. und THEWS, G.: *Physiologie des Menschen*; Springer-Verlag; 27. Auflage; 1997.

[106] SCHULZ, S.: *High-quality Surface Refinement for Flow Simulation in the Human Heart*; Diplomarbeit, Institut für Strömungslehre, Universität Karlsruhe (TH) in Kooperation mit Philips Research und dem Institut für Algorithmen und Kognitive Systeme, Universität Karlsruhe (TH); 2009.

[107] SCHWARZ, R.: Semiautomatische Segmentierung des linken Herzventrikels mit Live Wire; Technischer Bericht; Fraunhofer-Institut für angewandte Informationstechnik; 2003.

[108] SCHÄFFLER, A. und MENCHE, N.: *Biologie Anatomie Physiologie*; Urban&Fischer-Verlag; 4. Auflage; 2000.

[109] SEMMLER, C.: *Numerische Simulation der Strömung in einem LVAD unterstützten menschlichen Herzen*; Studienarbeit, Institut für Strömungslehre, Universität Karlsruhe (TH); 2009.

[110] SIEMENS: *Magnete, Spins und Resonanzen - Eine Einführung in die Grundlagen der Magnetresonanztomographie*; Siemens Medical; 2003.

[111] SILBERNAGEL, S. und DESPOPOULOS, A.: *Taschenatlas der Physiologie*; Thieme-Verlag; 6. Auflage; 2003.

[112] SILBERNAGEL, S. und LANG, F.: *Taschenatlas der Pathophysiologie*; Thieme-Verlag; 2. Auflage; 2005.

[113] SPIEGEL, K.: Numerical Simulation of the Left Ventricle and Atrium as Reference for Pathological Hearts; in: *IASTED Biomechanics 2007, Honolulu, Hawaii, USA*; 2007.

[114] SPIEGEL, K., PERSCHALL, M. und SCHENKEL, T.: Vergleich der unterschiedlichen Viskositätsmodelle Cross und Carreau; Technischer Bericht; Institut für Strömungslehre, Universität Karlsruhe (TH); 2009.

[115] SPIEGEL, K., SCHMID, T., SCHENKEL, T. und OERTEL, H.: Validierung des Karlsruhe Heart Models; Technischer Bericht; Institut für Strömungslehre, Universität Karlsruhe (TH); 2008.

[116] SPURK, J.: *Dimensionsanalyse in der Strömungslehre*; Springer-Verlag; 1991.

[117] STEINMAN, D., MILNER, J., NORLEY, C., LOWNIE, S. und HOLDSWORTH, D.: Image-based computational simulation of flow dynamics in a giant intracranial aneurysm; in: *American Journal of Neuroradiology*; 24(4):559–566; 2003.

[118] STREETER, D., SPOTNITZ, H., PATEL, D., ROSS, J. und SONNENBLICK, E.: Fiber Orientation in the Canine Left Ventricle during Diastole and Systole; in: *Circulation Research*; 24:339–347; 1969.

[119] TAYLOR, T., SUGA, H., GOTO, Y., OKINO, H. und YAMAGUCHI, T.: The effects of cardiac infarction on realistic three-dimensional left ventricular blood ejection; in: *Journal of Biomechanical Engineering*; 118:106–110; 1996.

[120] TAYLOR, T. und YAMAGUCHI, T.: Flow patterns in three-dimensional left ventricular systolic and diastolic flows determined from computational fluid dynamics; in: *Biorheology*; 32:61–71; 1995.

[121] VERDONCK, P., SEGERS, P. und S.DEMEY: Cardiac Mechanics; in: *von Karman Institute for Fluid Dynamics: Biological Fluid Dynamics*; 2003.

[122] VIELLIEBER, M.: *Simulation der Strömung im linken Vorhof*; Studienarbeit, Institut für Strömungslehre, Universität Karlsruhe (TH); 2008.

[123] VON BERG, J. und LORENZ, C.: Multi-surface Cardiac Modelling, Segmentation, and Tracking; in: *Lecture Notes in Computer Science: Functional Imaging and Modeling of the Heart*; 3504:1–11; 2005.

[124] WALKER, P., CRANNEY, G., GRIMES, R., DELATORE, J., RECTENWALD, J., POHOST, G. und YOGANATHAN, A.: Three-dimensional reconstruction of the flow in a human left heart by using magnetic resonance phase velocity encoding; in: *Annals of Biomedical Engineering*; 24:139–147; 1995.

[125] WATANABE, H., HISADA, T., SUGIURA, S., OKADA, J.-I. und FUKUNARI, H.: Computer simulation of blood flow, left ventricular wall motion and their interrelationship by fluid-structure interaction finite element method; in: *JSME International Journal Series C*; 45:1003–1012; 2002.

[126] WEBB, A.: *Introduction to Biomedical Imaging*; Wiley-Verlag; 2003.

[127] YANG, G.-Z., MERRIFIELD, R., MASOOD, S. und KILNER, P. J.: Flow and myocardial interaction: an imaging perspective; in: *Philosophical Transactions of the Royal Society of London*; 362:1329–1341; 2007.

[128] ZÜRCHER, L.: *Simulation der Strömung in der menschlichen Aorta*; Dissertation; Universität Karlsruhe (TH); 2003.